青少年机器人与人工智能系列

一起学做 物 联 网

李世喜　贾成功　编著

U0223707

哈尔滨工业大学出版社
HARBIN INSTITUTE OF TECHNOLOGY PRESS

内 容 简 介

教育部 2022 年公布的义务教育《信息科技课程标准》中提到："物联网的出现极大地扩展了人们的生活、学习和工作空间，推动了物理世界与数字世界相互融合。物联网是继互联网之后的新型信息基础设施，是推动大数据和人工智能等信息科技发展与普及不可或缺的重要组成部分。"

本书通过六个主题活动，由浅入深地引导学生逐步学习物联网软硬件知识，学会搭建物联网电路，并用 Mixly 编写程序，控制设备运行。在此基础之上，进一步发现生活中更多的应用，萌发出更多的创新。

"物联网主题 +ESP8266（硬件）+Mixly（软件）"是本书提出的一个"低成本、高效率"的硬件和软件解决方案，实现"人人都能学会编程、每个人都可以把作品带回家"的梦想。本书提供的活动案例贴近学生的生活，其可视化积木式编程界面清晰明了，容易掌握，既可用于教师指导学生开展活动，又适合学生开展自主学习。

图书在版编目(CIP)数据

一起学做物联网 / 李世喜，贾成功编著. —哈尔滨：哈尔滨工业大学出版社，2023.3

ISBN 978-7-5767-0666-6

Ⅰ. ①一… Ⅱ. ①李… ②贾… Ⅲ. ①物联网 Ⅳ. ①TP393.4 ②TP18

中国国家版本馆CIP数据核字(2023)第032648号

一起学做物联网

YIQI XUEZUO WULIANWANG

责 任 编 辑　张　荣

出 版 发 行　哈尔滨工业大学出版社

社　　　址　哈尔滨市南岗区复华四道街10号　邮编150006

传　　　真　0451-86414749

网　　　址　http://hitpress.hit.edu.cn

印　　　刷　哈尔滨市石桥印务有限公司

开　　　本　787 mm×1 092 mm　1/16　印张 8.5　字数 122 千字

版　　　次　2023年3月第1版　2023年3月第1次印刷

书　　　号　ISBN 978-7-5767-0666-6

定　　　价　48.00元

前言
Introduction

　　"科学和技术是人类文明进步的阶梯"。许多小朋友都热爱科学，立志长大做一名科学家，因为生命的价值在于创造和奉献。创造不仅能使人产生成就感，同时也能产生一定的社会和经济价值。学好科学，掌握技术，能使我们将来成为对社会有用的人。

　　随着科学和技术的进步，我们的生活出现了越来越多的新科技，物联网就是最突出的一例。现在用智能手机控制我们家里的电器，几乎每个人都有过体验。将来的自动驾驶汽车、远程手术医疗、无人机自动送货……越来越多的物联网应用会逐渐走进我们的生活。

　　物联网技术是不是很高端、很复杂？我们小朋友能不能学会应用物联网？其实这些并不难，只要我们懂得一些基本的技术和原理，应用合适的技术，我们小朋友也可以制作简单的物联网产品。本书就是通过一些具体

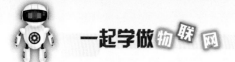

的案例，介绍一个用低成本、积木式编程来开发物联网产品的方式，带领大家一步步学习、体验物联网应用。

本书内容适合小学高年级以及初中年级学生学习，如果有一定的 Scratch 编程经验和基本的电路搭建基础的话，将非常有助于对本书的学习。

好了，现在让我们成为小"创客"，赶快开始吧！

李世喜　贾成功

2023 年 1 月

目 录
Contents

准备活动

一 硬件准备

（1）一台计算机（笔记本或台式机），建议采用 Windows 10 的 64 位操作系统，并能连接网络（图 0.1）。

图 0.1　台式机和笔记本

（2）一部手机或平板电脑（图 0.2），具有苹果或安卓操作系统。

图 0.2　手机和平板电脑

（3）一台能连接互联网的路由器（图 0.3），需要知道路由器的名称和连接网络的密码（又称为 WiFi 密码）。

图 0.3　路由器

（4）开发板：本书设计中采用以乐鑫科技 ESP8266 为芯片的开发板（图 0.4）。

图 0.4　ESP8266 开发板

（5）面包板：用于插接开发板和连接元件来设计电路（图 0.5）。

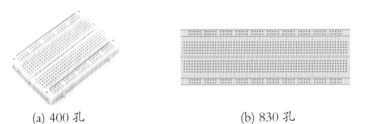

(a) 400 孔　　　　　　　　　　　　(b) 830 孔

图 0.5　面包板

（6）杜邦线：或称为"跳线"，有公公、公母、母母头之分，用于连接电路（图 0.6）。

图 0.6　杜邦线

二　软件准备

（1）准备好的计算机中需要安装米思齐（Mixly 2.0）程序及相关驱动程序。

在计算机端下载并安装米思齐（Mixly 2.0）程序（图0.7（a）），安装时请注意阅读提示信息，请在教师指导下完成。

（2）移动端安装米思齐物联网平台MixIO APP程序（图0.7（b）），请在教师指导下完成。

(a)Mixly（米思齐）　　(b)MixIO

图0.7　软件平台

三　知识准备

（1）物联网控制基本原理。

手机或平板电脑上安装的APP程序，通过WiFi与网络服务器连接。而远程设备（如电灯、空调等）通过开发板也可与服务器建立数据联系，这样，远程设备就可以接收到手机或平板电脑发出的指令，实现远程控制。手机或平板电脑通过云端服务器可以实时获取设备的数据（如温度、湿度等）或运行状态（"开""关"等）。物联网控制基本原理如图0.8所示。

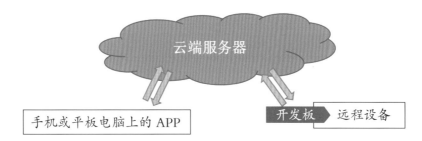

图0.8　物联网控制基本原理

（2）积木式编程开发工具。

米思齐（Mixly）是由北京师范大学傅骞教授带领的团队开发，采用谷歌的 Blockly 内核和界面的积木式编程工具。我们只需要拖动一些"积木"程序块到编程区，再加上一些简单的参数和逻辑设置，就可以完成程序开发（图0.9）。

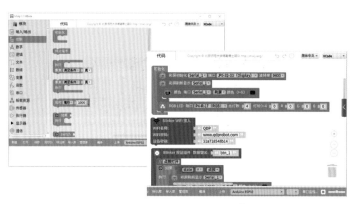

图 0.9　Mixly 开发环境

（3）驱动安装与硬件连接。

当我们第一次把 ESP8266 开发板通过 USB 与计算机连接后，计算机需要安装开发板的设备驱动程序（请指导教师帮助完成），安装完成后，在系统"设备管理器"中可以查看设备占用的端口情况（图0.10）。

图 0.10　查看设备端口号

驱动安装完成后的开发板将占用一定的串口（如 COM3），当我们拔掉开发板时，对应的串口号会消失；如果我们给开发板换一个 USB 插口，端口号也会有变化。

主题一 物联网小台灯

现在，越来越多的家用电器可使用智能手机控制：下班时用手机打开家里的空调，回到家里已经是温度适宜；再控制打开热水器，到家就可以痛快地洗个热水澡……这些都大大地方便了我们的生活。

其实像这种设备控制并不复杂，只要掌握了基本的原理和方法，我们自己也可以实现用智能手机控制家用电器。

万丈高楼平地起。下面我们就从最基本的电路知识和技能开始，一步步学习物联网制作过程。

活动一　点亮一盏灯

一　任务描述

电灯为什么会发光？让我们从一个最简单的电路开始，学习一些基础的电学知识，通过搭建简单电路，加深对所学知识的理解，学会一些基本的实验操作。

二　基础知识

1. 交流电和直流电

我们的家用电器用的"交流电"是从哪里来的呢？就让我们看看交流电的来源吧（图 1.1）！

火力发电厂

水电站

输电线

家用电器

图 1.1　交流电的来源

> 温馨提示：交流电有一定的危险性，所以不要随意触碰。家用电器出现故障时，一定要先拔掉电源插头，并请专业人员进行检修。

手电筒和手机等由电池供电，属于"直流电"（图 1.2）。电池的种类很多，有碱性电池、碳性电池和锂电池等，现在锂电池使用越来越广泛。

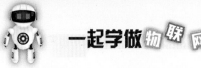

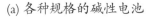

(a) 各种规格的碱性电池   (b) 不同类型的锂电池

图 1.2 提供直流电设备

观察实践：观察碱性电池。

① 分辨电池的型号；

② 区别正极和负极；

③ 了解电压的大小和单位；

④（教师演示）测量一节电池的电压值；再把两节碱性电池串联，测量其电压值的大小。

2. 导体和绝缘体

能够导电的物体称为导体，如铁、铜、铝等金属；不能导电的物体称为绝缘体，如木头、塑料、橡胶等。电线（又称导线）由里面的金属导体（铜丝）和外面的绝缘体（塑料）组成，它既能传导电流，又能保证安全（图 1.3）。

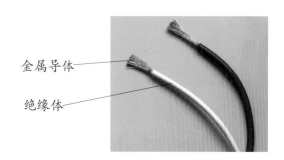

金属导体

绝缘体

图 1.3 电线

3. 开关

开关是控制电路连接或断开的设备，进而控制设备（电灯、电机等）工作或停止。开关的种类很多，不同类型的开关用于不同的设备和场合（图 1.4）。

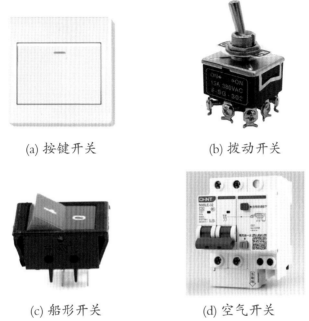

（a）按键开关　　　　　　　（b）拨动开关

（c）船形开关　　　　　　　（d）空气开关

图 1.4　各种开关

4. 电路图

"电路"是用导线把电源、开关和电器等连接起来，控制电器正常工作。实物图和电路图如图 1.5 所示。

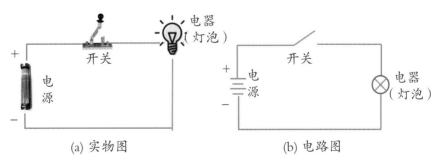

（a）实物图　　　　　　　　（b）电路图

图 1.5　实物图和电路图

三　操作实践

按照实验手册要求,用给定的材料搭建一个照明电路。实验要点如下:

（1）搭建前要取下电池,待搭建完成并检查电路没有问题,开关处于"断开"的位置,最后才能装上电池。

（2）安装电池时注意正、负极的方向,不要接反。

（3）合上开关,点亮小灯泡;断开开关,小灯泡熄灭。

四　总结提高

通过上面搭建的简单电路,我们学会了照明电路的原理,它是所有电路的基础。我们不仅要学会搭建电路,还要能看懂和画出简单电路图,这对今后的学习至关重要。

练一练:不看课本,你能画出简单照明电路图吗?

活动二　点亮 LED 灯

一　任务描述

前面我们学习了基本的照明电路,下面我们通过改进实验,用开发板来点亮 LED 灯,它是我们学做物联网的基础。

二　基础知识

1. 发光二极管

发光二极管又称为 LED 灯（图 1.6）,是一种低功耗的照明设备。利用 LED 灯照明,可以比其他各类灯具更节省电能,LED 灯已经成为

图 1.6　发光二极管

当前主要的照明灯具。

LED 灯由直流电供其发光，它有正极（长脚）和负极（短脚）之分，正极必须接电池正极，负极必须接电池负极。为保护电源和 LED 灯，一般需要串联一个 200 欧姆（Ω）左右的电阻（图 1.7）。

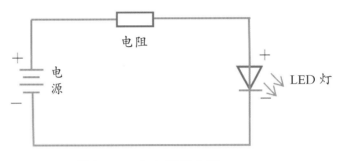

图 1.7　LED 灯照明电路

2. 面包板

面包板是搭建电子电路的设备（图 0.5），上面有许多孔，方便接插电子元件和导线（杜邦线），形成临时的电子电路。

面包板上的一些孔是通过内部的铜条互相连通的，其内部结构如图 1.8 所示。

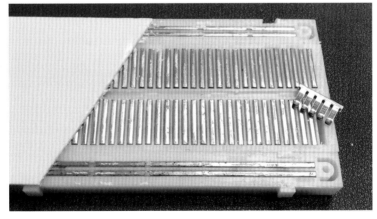

图 1.8　面包板内部结构

画一画：利用面包板搭建一个照明电路，使用 LED 灯代替小灯泡，画出电路示意图。

交流讨论：

①展示各小组设计图，分析设计是否正确。

②用面包板设计电路有什么优点和不足？

3. ESP8266 开发板

开发板的功能以后再做详细介绍，本节我们利用它提供的电源来点亮LED 灯，如图 1.9 所示。此处要用到的开发板两个引脚为：

● 3V3——提供 3.3 伏特（V）电压。

● GND—— 接地（相当于电源的负极）。

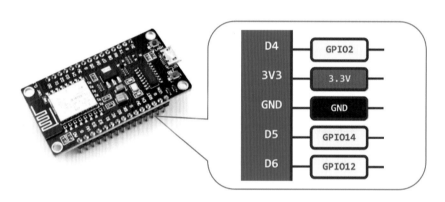

图 1.9　ESP8266 开发板及部分接口

三　操作实践

我们将本主题活动一照明电路中的小灯泡、导线、电池分别使用发光二极管（LED 灯）、面包板、开发板代替，也可以构成类似的电路（图 1.10），可让 LED 灯发光。

练一练：按照实验手册要求，利用开发板提供的电源接口，将 LED 照明电路搭建完成，检查没有错误（注意 LED 灯的正极与电源正极相连，负极与电源负极相连），接通开发板电源，点亮 LED 灯。

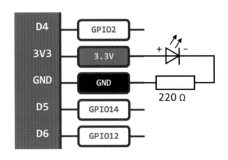

图 1.10　用开发板点亮 LED 灯

四　总结提高

上面的实验中，我们用开发板提供的电源点亮 LED 灯，搭建一个简单的电路。面包板使搭建电路更方便快捷，并且可以很方便地对电路进行更改，是我们今后实验中经常要用到的器材。

说一说：图 1.11 的电路中，哪一个 LED 灯接法是错误的？为什么？

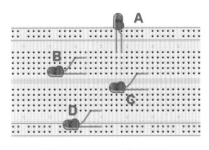

图 1.11　LED 灯接法

活动三　开发板控制 LED 灯

一　任务描述

活动二中我们用开发板点亮了 LED 灯，但它是一直亮着的。如果要实现 LED 灯的任意控制，我们就不能用 3 V 来供电，而要用到数字口或模拟口，它们是可以通过程序来控制的接口。

基础知识

1. 开发板

开发板是可以编程的单片机主板，它有很多种类，常见的有 Arduino UNO、Arduino nano 以及 ESP8266、ESP32 等（图 1.12），它们都有一些引脚，每一个引脚都有特定的编号。

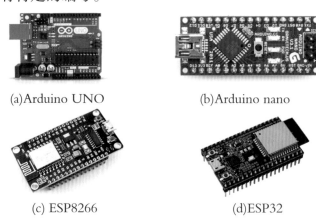

(a)Arduino UNO   (b)Arduino nano

(c) ESP8266   (d)ESP32

图 1.12　四种常见的开发板

知　识　林

开源硬件

计算机领域的硬件和软件产品都受到知识产权保护，不得随意侵犯。但有一些开发人员愿意放弃产权，将其研究出的成果（如设计图纸或软件原代码等）公开，供大家免费使用，这样的硬件产品称为"开源硬件"。本书实验中使用的 Arduino 系列开发板就是开源硬件。

2. 模拟口与数字口

开发板上的引脚种类很多，有些是与电源有关的接口（如 VIN、3V、GND 等），有些是与通信有关的（如 TX、RX 等）。开发板上最重要的接口是模拟口和数字口（图 1.13），它们分别处理模拟信号和数字信号，我们可以通过编程来实现读取数据（输入）或控制设备（输出）。

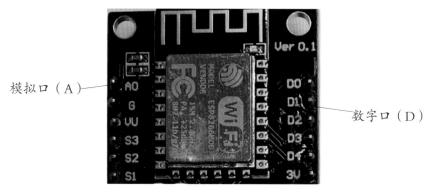

图 1.13　ESP8266 上的模拟口（A）和数字口（D）

知 识 林

模拟信号和数字信号

模拟信号是在一定范围内连续变化的信号，如声音大小、光线强弱等变化，其范围一般为 0 ~ 255 或 0 ~ 1 024；数字信号是一种只有两种状态的信号，如灯的开或关、电压（又称电平）的高或低等，可以用 1 和 0 来表示两种状态。

观察实践：观察 ESP8266 开发板的引脚，识别哪些是数字口，哪些是模拟口。

三　操作实践

1. 模块搭建

开发板的数字口在程序控制下输出高 / 低电平，进而控制 LED 灯亮或灭。我们利用面包板和杜邦线，搭建一个简单数字电路。为避免电流过大烧坏 LED 灯，可以在电路中增加一个电阻 R（图 1.14）。

温馨提示：复习本主题活动二中学习的面包板结构，正确搭建电路并认真检查，确认没有错误后再接通开发板电源。

根据图 1.14 所示，搭建简单的数字电路。实验中用到 ESP8266 开发板的 D5 引脚来控制 LED 灯亮与灭。

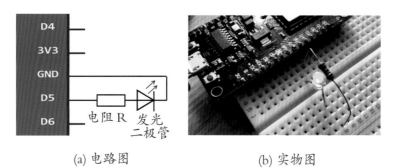

(a) 电路图　　　　　　(b) 实物图

图 1.14　搭建一个数字电路

2. 编写程序

开发板是在"程序"控制下工作的，程序可以发出"开灯"或"关灯"指令。下面让我们打开米思齐（Mixly）软件，编写一个简单的控制程序（图 1.15），然后上传至开发板，观察 LED 灯的亮与灭变化。

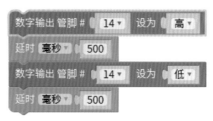

图 1.15　用 Mixly 编写程序①

知 识 林

Mixly 程序中的模块

Mixly（米思齐）程序是一种"积木式编程"工具（图 1.16），其中的一个个"积木"被称为模块，基本模块有"输入 / 输出、控制、数学、逻辑、文本、数组、变量、函数、串口、传感器"等类型，另外还有许多扩展模块。不同类型的模块采用不同颜色区分。当鼠标在模块上停留几秒后，就会出现该模块的功能提示文字。

①程序中的"管脚"在实际应用时均称为引脚。

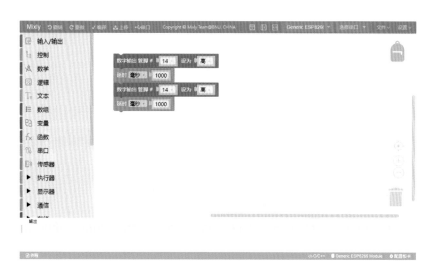

图 1.16　Mixly 编程界面

教你一招：编程区中无用的模块可以拖动到窗口右下角的"垃圾桶"，或拖回到模块区域中删除。

温馨提示：

① 数字引脚编号与程序编号的对应关系请查阅附录二；

② 时间单位：1 秒 (s) = 1 000 毫秒 (ms)，1 毫秒 = 1 000 微秒 (us)；

③ 开发板引脚为高电平时灯亮，为低电平时灯灭，在程序控制下不断循环。

四　总结提高

计算机系统是由硬件和软件两部分组成的。开发板其实是一种小型电脑（硬件），它具有电脑的基本结构，如 CPU（中央处理器）、运算器、控制器和存储器等，并具有基本的供电和接口电路。用 Mixly 编写的程序（软件），经过编译生成能够被开发板"读懂"的程序，再上传到开发板，在开发板中运行，指令被执行。

练一练：尝试修改程序中 LED 灯亮、灭的次数和时间，让闪烁变得更加丰富，如表示出国际海事中 SOS 求救信号（3 短 3 长 3 短）。

活动四　远程控制 LED 灯

一　任务描述

物联网的目的是实现远程控制，如用手机或平板电脑等移动设备来控制家用电器，方便我们的生活。远程控制是如何实现的呢？

二　基础知识

1. 手机 APP

APP 是 application 的英文简称，意思为"应用"，通常是指手机或平板之类的移动设备应用程序。移动设备安装 APP 应用后，可以用来读取远程设备的状态数据（如温度、湿度等），也可由它下达指令，去控制家用电器（如空调、除湿器等）运行或停止。

物联网 APP 种类很多，有些针对特定设备，也有通用类型，这些 APP 大多数是收费服务。我们下面要学习的"MixIO"是由北师大 Mixly 团队开发的物联网服务器，它同时提供了免费的 APP（图 0.7（b））。

2. 物联网控制基本原理

物联网通过移动设备中的 APP 接入云服务器，而家里的电器通过控制设备（开发板）也与云服务器相连，所以云服务器是物联网的桥梁。云服务器由开发商提供，我们一般不需要知道它的工作原理，只要设置好手机应用和开发板程序就可以了。物联网控制基本原理如图 0.8 所示。

三　操作实践

1. 登录与注册

Mixly 的物联网云服务器 MixIO 能同时支持计算机和移动设备进行开发和管理。我们可以从官方网站（http://mixio.mixly.cn）在线打开管理程序，也可以下载、安装到移动设备（网站右下角的"安卓微端"），其登录与注册页面如图 1.17 所示。

（a）MixIO 登录 　　　　　　　　　　（b）MixIO 注册

图 1.17　MixIO 登录与注册页面

如果有个人邮箱，可以点击"注册账号"按钮进入注册页面进行用户注册；如果没有邮箱，可以点击页面中间的 图标，通过一个用户关键词（Mixly Key）也可以登录管理。

2. 项目管理与添加组件

登录后进入管理页面（图 1.18），注册用户可以新建多达 20 个项目，而 Mixly Key 用户只有一个项目，即无法创建新的项目。

图 1.18　MixIO 项目管理页面

（1）创建一个新的项目。

点击图 1.18 右上角的 可以创建一个新的项目。再给新项目起一个名称（如"led"），单击确定，这样新项目就创建好了（图 1.19（a））。

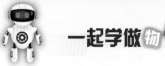

(a) 创建一个项目　　　　　(b) 已创建好的新项目

图 1.19　MixIO 创建和建好项目

知　识　林

项目与组件

程序设计中的项目是为完成程序特定功能而建立的一个集合，如"物联网小台灯""天气预报互联网时钟"等都可以是一个项目。每一个项目中都包含一个或多个组件（又称为"控件"），用于控制项目中具体的对象，如控制开关、显示文本或图表等。

（2）添加组件，设置属性。

点击项目上的此处 ➡（图 1.19（b）），进入项目编辑窗口，点击图 1.20 右上角的按键 ➕，向页面中添加组件。

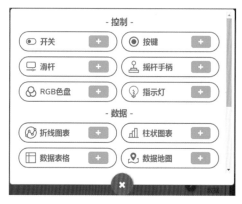

图 1.20　添加组件

控制台灯需要一个开关，所以添加一个"开关"或"按键"组件，并指定"组件名称"和"消息主题"（图 1.21）。有些类型组件还有一些其他属性设置。

图 1.21　组件名称和消息主题

温馨提示：组件中的"消息主题"是一个重要的参数，它是识别程序与控制对象之间的桥梁。

3. 编写程序

打开 Mixly 2.0 程序，选择 Arduino ESP8266 开发板，搭建程序模块，如图 1.22 所示，最后选择好端口并上传程序。

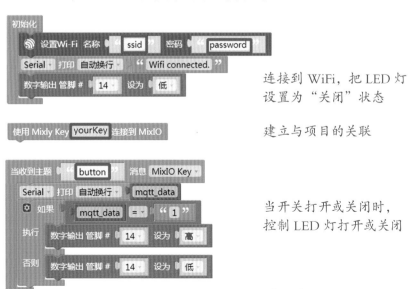

图 1.22　Mixly Key 用户程序
（红框中的内容需要根据实际情况修改）

如果是邮箱注册用户，图 1.22 所示的 Mixly Key 用户程序需要做如下修改，如图 1.23 所示。

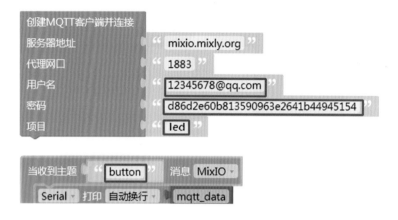

图 1.23　Mixly 邮箱注册用户程序
（红框中的内容需要根据实际情况修改）

四　总结提高

Mixly 的 MixIO 是一个云端服务器，同时也可作为移动（手机）设备的控制端。上传到开发板中的程序则是用于接收 MixIO 指令，可以控制设备运行，也可以获取设备的状态数据，并发送到 MixIO。

除了台灯，能够被控制的设备还可以是空调、热水器等家用电器，开发板也可以采集家里的温度、湿度、空气质量等数据传到移动设备上，方便我们随时监控家里的各方面数据变化。

议一议：联系自己的生活实际，想想可以利用物联网控制哪些设备？请制定一个简单的设计方案。

活动五　控制家用电器

一　任务描述

家用电器不是一个简单的 LED 灯，它们通常是用 220 V 交流电或 12 ~ 24 V 的直流电驱动的。怎样用开发板驱动这些高电压的家用电器呢？

二　基础知识

1. 继电器

继电器（图 1.24）是一种电子控制器件（或称为"开关元件"），它能够被开发板控制，进而控制其他设备。我们通过远程控制开发板来控制继电器的输入端，从而在输出端控制另外一个高电压、大电流的电器运行。

图 1.24　继电器

继电器的种类很多，有各种不同的参数，但其基本功能相同，购买时要选择好参数类型，其中最重要的参数说明见表 1.1。

表 1.1　继电器重要参数说明

参　数	说　明	举　例
工作电压	控制继电器工作的电压值（输入端）	5 V/12 V DC
最大负载	继电器控制电器的电压 / 电流（输出端）	250 V/10 A AC

注：DC 表示直流电，AC 表示交流电。

2. 继电器工作原理

继电器的输入端有 3 个引脚或接口——VCC、GND 和 IN，它们分别接开发板的正极、负极和数字口（图 1.25）。

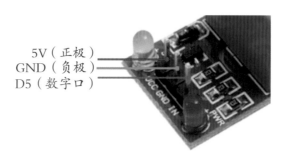

5V（正极）
GND（负极）
D5（数字口）

图 1.25　继电器输入端

继电器的输出端是用来连接控制电器的电路，相当于电器开关。它也有 3 个接口，分别为公共端（COM）、常开（NO）和常闭（NC），通常可以利用公共端和常开两个口来代替开关（图 1.26）。

图 1.26　继电器输出端

3. 继电器的工作状态

① 通常当数字口输出高电平时，电路导通，电灯亮 / 电器运行；

② 通常当数字口输出低电平时，电路断开，电灯灭 / 电器停止运行。

三　操作实践

1. 模块搭建

现在多数 ESP8266 开发板中都有一个 VU 接口，它是 5 V 电压的输出口，可以用它给继电器的 VCC 供电，电路和实物图如图 1.27 所示。

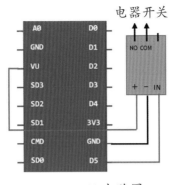 

(a) 电路图　　　　　　(b) 实物图

图 1.27　开发板控制继电器

知 识 林

继电器的标识方式

继电器的品牌、型号很多，不同产品标识会有不同，电源正极一般标识为 VCC 或 DC+ 或 +，负极标识为 GND 或 DC- 或 -，也有些是用中文标识，具体请参照继电器说明书。

2. 编写程序

程序部分与本主题活动四一样，无需做任何改动。有些类别的继电器上有一个标有"H-L"的跳线，如果跳线接到 L 一端可以改变为低电平接通，程序也要做相应修改。继电器跳线位置如图 1.28 所示。

图 1.28　继电器跳线位置

说一说：什么情况下可以用到继电器的 COM 和 NC 输出口？

四 总结提高

上述我们利用继电器实现了对照明电路的远程控制，采用同样方法也可以对其他电器（如空调、热水器等）进行控制，实现物联网功能。有些继电器包含多个模块，构成 2 路、4 路、8 路甚至更多路的继电器组。另外还有工业用的高电压、大功率继电器。继电器种类如图 1.29 所示。

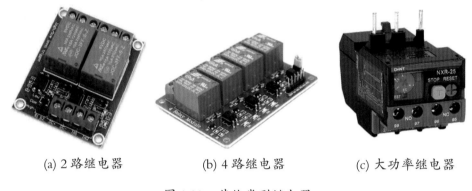

(a) 2 路继电器　　　　(b) 4 路继电器　　　　(c) 大功率继电器

图 1.29　其他类型继电器

提高练习：我们家里的电灯大多是"双开双控"，即两个开关都可以控制同一盏灯，它的电路如图 1.30 所示。

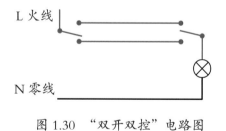

图 1.30　"双开双控"电路图

说一说：怎样用一个继电器和一个双开开关构成"双开双控"电路？

主题二 智能照明系列

现代城市生活已经离不开照明灯了，但大量的照明设备也消耗大量的电能，带来能源的压力。如何让照明能根据人的需求亮灭，既能实现照明效果，又能节约能源，是摆在我们面前的紧迫问题。现在，智能照明设备已经越来越多地出现在我们生活中了，大家知道它是怎样实现的吗？下面让我们学习这些知识和技能，也许会有更多、更新奇的发现。

活动一　触摸开灯

一　任务描述

以前的普通电灯开关是按键开关，它的故障率较高，需要用力拨动才能打开开关。采用触摸开关可以避免这些问题，操作更加方便。下面我们介绍一下触摸开关。

二　基础知识

触摸开关（图 2.1）又称为触摸传感器，分为电阻式和电容式两类。它们都有一个触摸感应面板，当手触摸到面板时，传感器产生一定的电压或电流变化，通过模块电路以一定方式输出。

图 2.1　触摸开关

触摸传感器的接口类型有数字和模拟两类，不同接口类型与开发板的连接方式不同，请仔细阅读产品说明书。下面我们以模拟口类型为例，介绍触摸传感器的使用方法。

三　操作实践

1. 硬件搭建

ESP8266 开发板只有一个模拟口 A0，它能接收传感器传来的模拟信

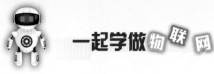

号值（一般为 0 ～ 1 024）。用触摸开关配合继电器即可构成一个控制照明的电路（图 2.2）。

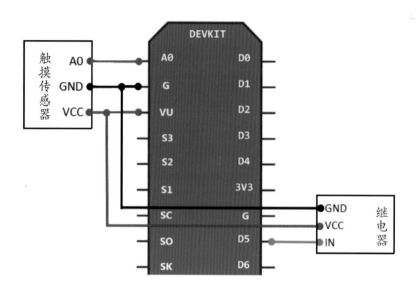

图 2.2　触摸开关构成的照明电路

2. 编写程序

（1）测试传感器。

不同传感器存在一定的灵敏度差异，通常我们在制作作品之前都需要编写一段串口数据测试程序（图 2.3）。在 Mixly 中编写并上传图 2.3 所示程序，通过串口观察传感器采集的数据变化。

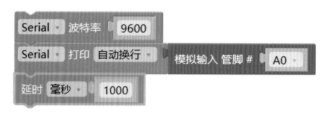

图 2.3　串口数据测试程序

知 识 林

串口测试数据

串口是"串行接口"的简称，它是设备（如开发板）与计算机连接并进行通信的接口。将程序运行时产生的数据通过串口输出，可以检测程序运行状态，是程序调试的通用方法。

Mixly 程序中可以通过"状态栏"观察串口数据，也可以打开"串口"窗口，输入或输出串口数据。

（2）编写程序。

在 Mixly 2.0 环境中编写程序，如图 2.4 所示，并上传到开发板中。

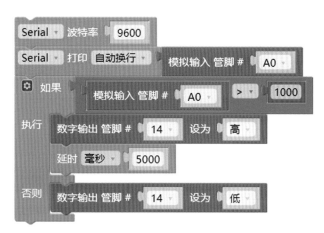

图 2.4　编写程序

程序说明：

① 通过实测，触摸传感器在触摸时的数值最大能达到 1 024，为避免其他条件（如天气或手指干燥等因素）影响，我们取值可略小一点。

② 程序中设置的延时可以让行人通过后再关闭路灯，延时时长可根据需要进行调整。

四　总结提高

触摸传感器解决了按键开关的易损坏、灵敏度差的问题。实际生活中，我们通常将触摸传感器与其他类型的开关混合使用，既方便操作，又可以弥补触摸开关的一些功能不足。

小组讨论：触摸传感器还可以应用在哪些场合？

活动二　声控照明

一　任务描述

触摸开关比普通按键开关有优势，但我们必须触摸到它才能打开。有些特殊情况下，如果我们不方便触摸（如双手持物）时，开灯还是感到不便。声控开关可以让我们通过声音打开照明灯，比如咳嗽一声或跺跺脚等。

二　基础知识

1.声音的本质

从物理学角度看，声音是由物体振动产生的声波在空气中传播的一种自然现象，如图 2.5 所示。声音音调的高低取决于每秒振动的次数（称为频率），声音的大小取决于振动幅度（称为振幅）。

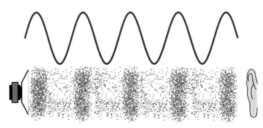

图 2.5　声音的传播

2.声音传感器

能够接受声波、采集声音信息，并将其转化为特定的信号的传感器称为声音传感器（或声控传感器），如图 2.6 所示。

图 2.6　声音传感器

声音传感器也有数字和模拟两类，模拟信号能根据声音大小产生一个模拟量（一般在 0 ~ 1 024 范围内）；而数字信号则对一定音量的声音反馈一个高电平信号，引发电平变化的音量的大小可以通过模块上的旋钮来调节。

三　操作实践

1.硬件搭建

声控照明装置电路与触摸照明电路相似，需要注意的是：要根据声音传感器接口类型（模拟口或数字口，请查看产品说明书）与开发板接口（D 或 A）进行连接。声控照明电路及实物图如图 2.7 所示。

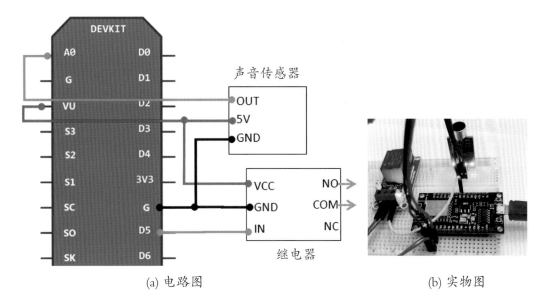

(a) 电路图　　　　　　　　　　　(b) 实物图

图 2.7　声控照明电路及实物图

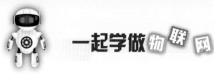

2. 编写程序

声控照明电路程序设计与触摸照明电路相似，声控照明电路程序如图 2.8 所示。

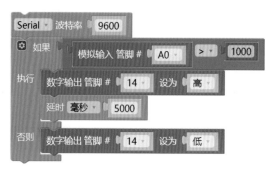

图 2.8 声控照明电路程序

程序说明：

（1）本活动中为模拟口的声音传感器，如果选用数字口的声音传感器，需要对连接方式和程序做相应修改。

（2）对模拟信号产生反应的临界值可以通过测试程序来调试，不同品牌甚至不同批次产品的性能都会有差异。

知 识 林

波特率

波特率是电子信号传递过程中表示传输速率的一个物理量，单位是波特（Baud，符号可简写 Bd），代表一个单位时间内传递符号的个数。两个设备（包括开发板与电脑或开发板之间）传输信息时，必须保持相同的波特率才能进行信号传递。9 600 就是一个常用的波特率值。

四 总结提高

声音传感器能够实现真正无接触控制，比触摸传感器更卫生安全，也更加方便。但声音传感器容易受环境噪声的影响，这是它的缺点和不足。

小组讨论：

① 声音传感器还可以应用在哪些场合？

② 怎样避免环境噪声对声音传感器的影响？

活动三　能感知人体的照明

一　任务描述

夜晚，我们希望有一盏灯为我们照明，能不能制作一盏"人来灯亮，人走灯灭"的自动控制照明灯呢？这就要用到能够感知到人体的人体红外传感器。

二　基础知识

1. 红外线

光是一种电磁波，在可见光范围以外，还有很大部分是人眼不可见的光，分别是红外线和紫外线（图 2.9）。有一定温度的物体都会发出红外线，物体的温度越高，发出的红外线越强。根据这一原理，人们发明了各种红外线探测设备，如红外传感器、红外线测温仪等。

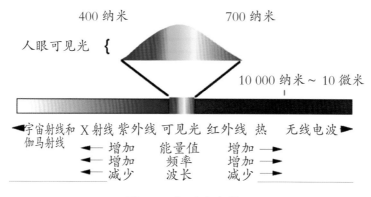

图 2.9　电磁波光谱

2. 人体红外传感器

利用人体发出的红外线来感知人体靠近，这种实现人体红外感知的传

感器称为人体红外传感器（图2.10）。

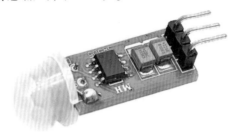

图 2.10　人体红外传感器

三　操作实践

1. 搭建硬件

仔细阅读所用的人体红外传感器模块使用说明，根据说明将传感器连接到开发板。通常的人体红外传感器有正极（+或VCC）、负极（−或GND）和数字输出（OUT）3个接口，它们分别接开发板的电源正极、负极（接地）和数字口。人体红外感应照明电路如图2.11所示。

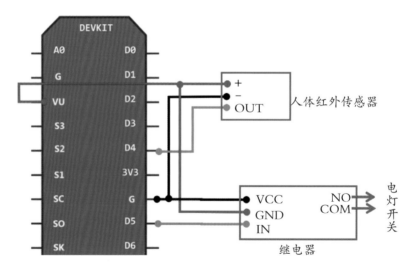

图 2.11　人体红外感应照明电路图

2. 编写程序

（1）测试传感器。

与本主题活动二相似，我们在 Mixly 中编写程序并上传图2.12所示程序，通过串口观察传感器获得的数据变化。

图 2.12　串口数据测试程序

（2）编写、调试程序。

人体红外感应照明控制程序如图 2.13 所示。

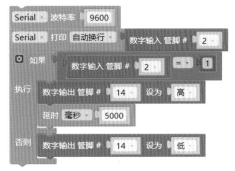

图 2.13　人体红外感应照明控制程序

程序说明：

当人体红外传感器检测到人体（返回值为 1）时，继电器（COM 和 NO）接通，灯开关打开，延时 5 秒钟（可根据需要调整）后再次检测。

温馨提示：

① 实测显示，人体红外传感器标称电压为 3.3 ～ 5 V，但在 3.3 V 下检测数据误差较大，建议使用 5 V 供电。

② 人体红外传感器对移动人体检测灵敏度较高，当人体静止时往往检测不到，当距离较远时检测效果也会减弱。

四　总结提高

相对于前面介绍的传感器类型，人体红外传感器更能体现智能控制的特点，它可以在很多场合应用，或者与其他类型的传感器一同工作，完成更复杂的功能。

小组讨论：人体红外传感器还可以应用在哪些场合？

活动四　能感知光线的照明

一　任务描述

夜晚，路灯不仅给我们出行带来方便，同时也象征着城市繁华。以往，路灯的开启是人为控制的，这不仅造成人力资源浪费，而且可靠性也差。有时在白天也会出现极端气候使天气变得昏暗，需要打开路灯。如果能让路灯感知光线变化自动开启和关闭，无疑会带来更多的方便，也能节省人力物力。

二　基础知识

光敏传感器，顾名思义，即能够感知光线强度变化的传感器，它种类很多，常见的是通过光敏电阻采集光线，也有一些是通过光电二极管来采集光线的，光敏传感器如图 2.14 所示。

图 2.14　光敏传感器

光敏传感器的输出信号也有数字和模拟两种类型，有些既有数字信号（一般标注为 DO）输出，又有模拟信号（一般标注为 AO）输出。在有数字接口的模块上通常都有一个调节旋钮，用于调节数字信号对光线感应的灵敏度。

三 操作实践

1. 硬件搭建（图 2.15）

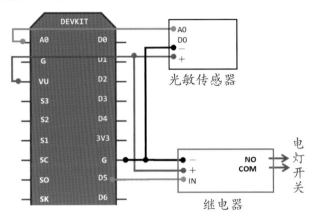

图 2.15　光敏照明感应电路

2. 编写程序（图 2.16）

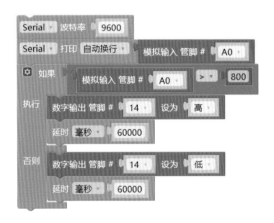

图 2.16　光敏照明控制程序

程序说明：

（1）从实测结果看，光线越强，模拟口获取的数字越小。当光线强度达到 800 以上时打开灯照明比较合适。

（2）一般天气变化相对是比较缓慢的，因而从路灯的工作原理分析，

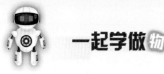

无论开灯还是关灯，都需要一定的延时时间（如设为 1 分钟），这也是光线传感器控制照明与其他传感器的区别之处。

四 总结提高

用不同方式控制照明，其控制原理是基本相同的，但不同的传感器工作原理和应用场景会有不同，需要灵活掌握，不能死搬硬套。我们也可以把多种方式相结合，设计出不同的应用场景，做出有创意的新作品。

小组讨论：光线传感器还可以应用在哪些场合？如何将光线传感器与其他类型传感器结合，形成更加实用的照明产品？

主题三 自动浇水系统

园林、花草给人们带来美好的生活感受，提高了生活质量。但园林的维护工作量大，成本高，如果能实现部分园林维护自动化，将会给园林工人带来极大的方便。

物联网技术可以利用传感器感知土壤湿度，在土壤缺水时完成自动浇水，在雨天土壤水分充足时则不用浇水，既减少了水资源的浪费，也减少了人的工作量。

下面就让我们一起设计一个物联网自动浇水系统。

活动一 获取土壤湿度数值

一 任务描述

采用土壤湿度传感器可以获得土壤湿度数值，再通过物联网远程读取这些数值，实时监测土壤湿度状态，进而决定是否需要浇水。

二 基础知识

1. 土壤湿度传感器

土壤湿度传感器用来检测土壤中的水分含量，它是由检测探头和检测模块两部分组成，如图 3.1 所示。检测探头用于采集土壤水分数据，检测模块把采集到的水分数据转化成特定格式传送给开发板。

图 3.1 土壤湿度传感器

2. 土壤湿度传感器检测模块接口

土壤湿度传感器检测模块一般有 4 个接口：VCC、GND、A0 和 D0，其中 A0 是模拟口，输出模拟信号；D0 是数字口，输出数字信号（图 3.2）。

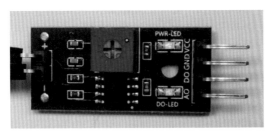

图 3.2 土壤湿度传感器模块

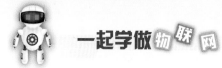

我们可以用开发板的数字口读取土壤湿度传感器数字口的信号，通过湿度传感器测定土壤湿度，当湿度超过临界值则反馈为高电平，反之则为低电平。临界值的大小可以通过模块中的旋钮来调节。

我们也可以通过开发板的模拟口来读取土壤湿度传感器模拟接口（A0）上的模拟信号。模拟信号是一个连续的数值，通常范围在0 ～ 1 024，具体特性请参看产品说明书。

三　操作实践

1. 搭建土壤湿度传感器测试装置

按照前面学过的方法搭建土壤湿度测试装置电路，并将土壤湿度传感器检测模块连接到开发板，电路图和实物图如图3.3 所示。

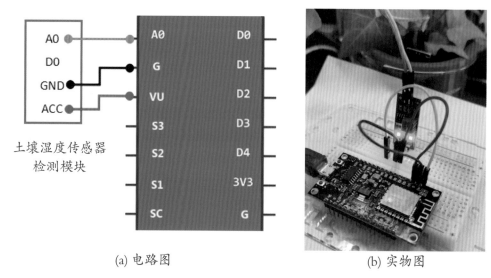

(a) 电路图　　　　　　　　(b) 实物图

图3.3　土壤湿度传感器测试装置

2. 编写程序，查看模块测试模拟数值

我们可以通过编写一段简单的土壤湿度传感器测试程序（图3.4）上传到开发板，来读取模拟口获取的数值，并将数据显示在串口监视窗口中。

图 3.4 土壤湿度传感器测试程序

小提示：串口数据监测是物联网制作过程中最常用的方法，我们要学会使用这种方法来测试设备和调试程序。

程序上传到开发板后，将检测探头插入有一定湿度的土壤中，在串口输出窗口内可以看到不断读取的模拟量值。

3. 获取更准确的测试值

由于设备原因，每次读取的数值都有变化。为获取比较准确的土壤湿度值，可以对每 10 次测量取平均值，测试程序改进如图 3.5 所示。

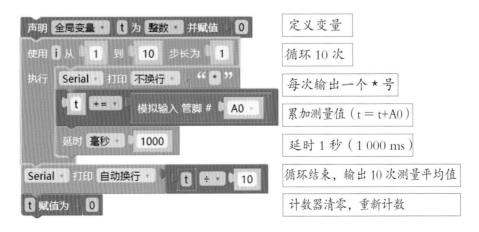

图 3.5 测试程序改进

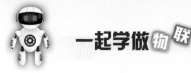

4. 常用模块所在位置对应表

Mixly 编程常用模块见表 3.1。

表 3.1　Mixly 编程常用模块

分　类	模块图示	功能说明
输入 / 输出模块	数字输出 管脚 # ⟨0⟩ 设为 ⟨高⟩	开发板引脚定义
变量模块	声明 ⟨全局变量⟩ ⟨item⟩ 为 ⟨整数⟩ 并赋值	定义变量
	⟨t⟩ 赋值为	变量赋值
控制模块	使用 ⟨i⟩ 从 ⟨1⟩ 到 ⟨10⟩ 步长为 ⟨1⟩ 执行	循环模块
	延时 ⟨毫秒⟩ ⟨1000⟩	延时模块
串口模块	Serial ⟨·⟩ 打印 ⟨自动换行⟩	串口输出数据
数学模块	⟨item⟩ ⟨+=⟩ ⟨1⟩	变量累加

说明：模块的值或参数可以选择或输入，或者挂接其他模块。

5. 记录获取的湿度值

土壤湿度测量记录见表 3.2。

表 3.2　土壤湿度测量记录表

次　数	1	2	3	4
土壤情况	干燥	湿润	潮湿	饱和
测试值				

结论：比较合适的浇水指数值应该是在——至——范围内为最佳状态。

四　总结提高

物联网中的传感器有两种类型：数字型传感器和模拟型传感器，我们在实际操作中要区分传感器的类型，有针对性地使用开发板中的接口来获取传感器的数值。

知 识 林

传感器

　　传感器是一种能感知物体的信息并进行传递的装置，它的类型很多，分别用在不同的环境中，发挥不同的作用。有时测量相同的物理量（如光线强度），可以用到不同原理、不同精度的同类传感器。随着技术和材料的进步，传感器的类型会越来越多，功能也越来越强。

常用传感器类型列举见表3.3。

表 3.3　常用传感器类型

传感器类型	图　片	功能说明
红外传感器		感受红外线强度
温度湿度传感器		感知环境温度和湿度
光线强度传感器		感知外界光线强度
声音传感器		感知声音强度
气体传感器		感知环境中甲醛、粉尘等浓度

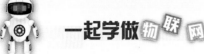

活动二　浇水自动控制

一　任务描述

从土壤湿度传感器获得的土壤水分含量数据，可以作为自动浇水的条件，即当土壤湿度达到一定的值（缺水）时，开发板控制水泵工作，给植物浇水；当土壤达到一定湿度时，开发板控制水泵关闭。

二　基础知识

自动控制原理：自动控制是根据物质对象的状态（如土壤湿度、水位高度、温度等）的感知，通过一定的装置（如开发板、继电器、水泵等）来实现物质状态的改变。例如，根据土壤湿度传感器获得的土壤中水分含量来实现自动浇水；通过测定水箱水位高度来决定上水或排水；通过温度传感器感知环境温度控制是否要通风降温或取暖加热……

在自动控制装置中，传感器是最常用也是最关键的设备。

三　操作实践

1. 逻辑分析

自动控制浇水的原理很简单，就是利用土壤湿度传感器不断监测土壤湿度（水分含量），当湿度达到一定值（表示土壤过于干燥）时，则驱动水泵工作，给土壤浇水；当土壤达到适当的湿度后，即关闭水泵，停止浇水，自动控制浇水原理如图 3.6 所示。

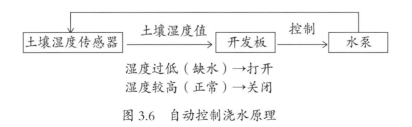

图 3.6　自动控制浇水原理

2. 搭建电路

在本主题活动一完成土壤水分监测基础上,我们再增加一个继电器模块,通过程序控制继电器输出端打开和关闭,进而控制水泵给植物浇水和停止。

自动控制浇水装置电路如图 3.7 所示。

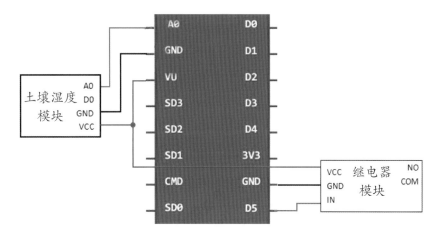

图 3.7　自动控制浇水装置电路

自动控制浇水装置实物图如图 3.8 所示。

图 3.8　自动控制浇水装置实物图

3. 编写程序

每隔一定时间（如1分钟）检测土壤湿度值，当湿度过低（模拟值大于800），通过数字口（如D5，引脚号14）控制的继电器打开水泵给土壤浇水。接着间隔时间1秒循环检测，当土壤湿度达到一定值（模拟值小于600）时，开发板控制继电器关闭水泵。

为优化程序，可以把湿度检测模块写成自定义函数。

知 识 林

函数

编程时，将长程序中的某一部分有相对独立功能的程序单独拿出来作为一个函数，赋予它一个名称（函数名），可以在主程序中反复调用。函数分为系统函数和自定义函数，有些函数还可以传递参数。

函数的使用增加了程序的可读性，使程序结构更加清晰，也使程序调试更容易。

自动控制浇水程序如图3.9所示。

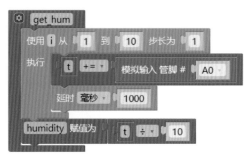

(a) 主程序　　　　　　　　　　(b) 自定义函数

图 3.9　自动控制浇水程序

4. 常用模块及功能说明

常用模块及功能说明见表3.4。

表 3.4　常用模块及功能说明

分　类	模块图示	功能说明
控制模块	简单定时器 1 间隔 1000 毫秒 执行	简单定时器
函数模块	procedure 执行	自定义函数
	执行 get_hum	调用子函数
控制模块	如果 执行	判断并执行，满足条件时执行。点击左上角齿轮可以增加判断条件
变量模块	d 赋值为	赋值
逻辑模块	≤	用于判断比较两个值的大小

（四）总结提高

本次活动我们学会了根据土壤湿度传感器获取的数据实现自动浇水功能，这也是物联网中实现自动控制最常用的方法。在编程时用到的自定义函数调用功能，也是我们编程时常用的技巧，大家要理解其中的原理，在今后的学习中加以应用。

小组讨论：

① 生活中还有哪些场景可以实现类似的自动控制？

② 上述程序还可以有哪些改进？

活动三　数据远程传递

一　任务描述

从土壤湿度传感器获得的土壤水分含量数据，可以上传到物联网被远程监控，帮助我们分析数据、做出决策。下面我们要做的就是实现这些数据的远程传递功能。

二　基础知识

消息队列遥测传输（Message Queuing Telemetry Transport, MQTT）服务器是一种为物联网提供的云端数据服务器，由开发板获取的实时数据可上传到 MQTT 服务器，而计算机或移动设备则可以通过 MQTT 服务器获取这些数据，或者通过 MQTT 服务器向远程设备下达控制指令（图 0.8）。

互联网上提供 MQTT 服务的平台商很多，我们前面学过的 MixIO 就是一个免费的 MQTT 服务平台。另外，有些物联网服务器通过其他通信协议来实现数据传递。

三　操作实践

我们在 MixIO 平台项目中创建的组件，可以在"项目管理"界面中的"数据"标签下查看其数据变化。选择"监听主题"下拉列表框中的组件，就可看到该组件下的 MQTT 数据反馈，如图 3.10 所示。

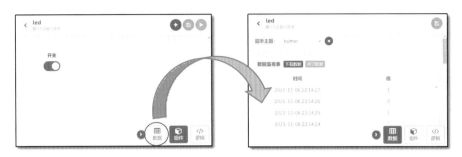

图 3.10　MQTT 数据反馈

1. 添加组件

在项目管理器里创建一个"折线图表"组件，组件名称为"土壤湿度"，消息主题默认为"chart"。

2. 修改程序

（1）定义变量，记录关键数据和程序工作状态（图 3.11）。

图 3.11　定义变量

程序说明：变量 t 用于保存每 10 次测量的平均值；变量 humidity 用于记录采集到的土壤湿度值。

（2）连接开发板到 WiFi 和 MQTT 服务器。

①定义 Mixly Key 用户连接到服务器，如图 3.12 所示。

图 3.12　定义 Mixly Key 用户连接到服务器

其中 Mixly Key 后面输入登录的用户名。

②注册用户连接到服务器，如图 3.13 所示

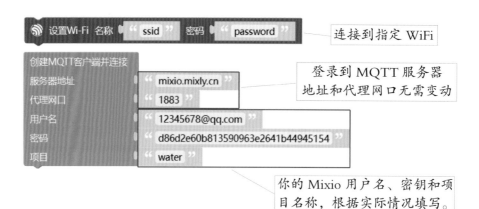

图 3.13　注册用户连接到服务器

（3）发送消息主题。

开发板将获取的数据（humidity 的值）发送给 MQTT 服务器，发送消息主题如图 3.14 所示。

图 3.14　发送消息主题

只需要在自定义函数中加入一个语句（模块），作用是"把湿度值（数据）发送到服务器"。

温馨提示：消息主题是"chart"折线图组件，Mixly Key 用户发送到"MixlyKey"，邮箱注册用户发送到"MixIO"

3. 常用模块所在位置对应表

常用模块所在位置对应表见表3.5。

表3.5   常用模块所在位置对应表

分 类	模块图示	功能说明
网络-WiFi 模块	设置Wi-Fi 名称 ssid 密码 password	登录到 WiFi
网络-MQTT 模块	使用 Mixly Key 1RFOH08C 连接到 MixIO / 创建MQTT客户端并连接 服务器地址 mixio.mixly.cn 代理网口 1883 用户名 12345678@qq.com 密码 d86d2e60b813590963e2641b44945154 项目 test	登录到 Mixly 的 MQTT 服务器
	MQTT发送消息 Hello 到主题 text MixIO	发送消息
	当收到主题 text 消息 MixIO / Serial 打印 自动换行 mqtt_data	接收到主题后的动作

4. 测试运行

程序编写完上传到开发板后，在 MixIO 项目管理中点击右上角的"运行项目"，在"数据"一栏里可以看到开发板发来的数据，"组件"里可以看到采集的数据折线图，如图3.15所示。

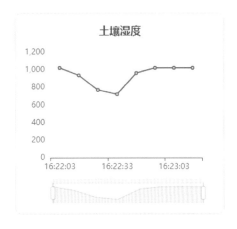

图 3.15   采集的数据折线图

小组讨论：如果 MQTT 服务器没有接收到来自开发板的数据，可能会有哪些原因？

四　总结提高

物联网服务器（MQTT）是用户和设备之间的"桥梁"，用户通过 MQTT 服务器接收到开发板传来的数据，在折线图上可以直观地看到数据的变化情况，用户发出的指令上传到 MQTT 服务器，被开发板读取并执行，实现设备的远程控制。

拓展任务：从测试数据可以看到，土壤湿度传感器检测到的数据是 0 ~ 1 024，湿度越大值越小。想一想，怎样把传感器检测到的数据转化为土壤湿度的百分值（0% ~ 100%），使显示的值更加直观。

活动四　网络定时器

一　任务描述

在某些特殊场合（如在大棚内生长的植物）需要定时浇水，或者我们家里的鱼缸需要定时进行水循环，这些需求都可以通过物联网功能实现。我们只需要对上述装置进行适当的修改，重新修改控制端和编写程序。

二　基础知识

1. 定时器

定时器是我们生活中一种常见的设备，电饭煲、洗衣机等家用电器上都有定时器。定时器的工作样式很多，有倒计时、设定开始和结束时间计时、设定开始和时长计时等，本次活动中要制作的定时水循环装置可根据需要来确定它的类型。

下面以"开始时间 + 时长"的方式来设计一个网络计时器。

2. 逻辑表达式

编写程序经常要用到逻辑判断，如"x>10 或 str = 'mixly'"等，这些就是逻辑表达式。逻辑表达式成立则返回值为"真"，不成立则为"假"。如果只有一个逻辑判断，称为简单表达式；还有一类是由多个条件构成的复杂表达式，如"x>10 并且 str = 'mixly'"，或"x>10 或 str = 'mixly'"，前者当两个判断都为真时结果为"真"，后者只要其中一个条件为真结果就为"真"。

3. 逻辑运算符

程序中书写复杂表达式时需要用到逻辑运算符，上述两例复杂表达式分别要用到"与"和"或"两种逻辑运算。在 Mixly 的"逻辑"模块中，它们分别是 ▎且▎（逻辑"与"）和 ▎或▎（逻辑"或"）。

三 操作实践

1. 服务器端设定

在服务器端（MixIO）登录到项目中，新建一个开关组件和两个滑杆组件，如图 3.16 所示，服务器组件属性及设置见表 3.6。

图 3.16 服务器端定时组件设置

表 3.6 服务器组件属性及设置

组件类型	组件名称	消息主题	属 性
开关组件	定时开关	button	反馈模式：开关
滑杆组件 1	开始时间	slider1	滑动范围：0 ~ 23
滑杆组件 2	时长	silder2	滑动范围：0 ~ 59

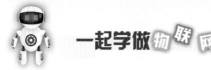

说明：用滑杆组件给程序的变量赋值是一种常用的数据输入方法，也可用其他组件实现。

2. 编写程序

（1）定义变量，用以保存开始时间和时长的值。全局变量与滑杆组件设置程序如图 3.17 所示。

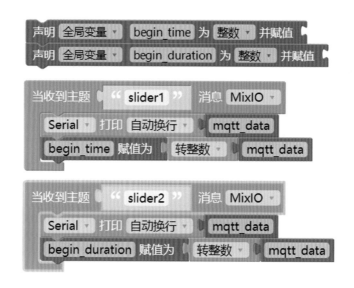

图 3.17　全局变量与滑杆组件设置程序

（2）定义开关组件，控制定时器打开或关闭。开关组件及接收主题设置程序如图 3.18 所示。

图 3.18　开关组件及接收主题设置程序

（3）利用子程序，根据判断条件控制继电器打开或关闭。控制继电器开与关子程序如图 3.19 所示。

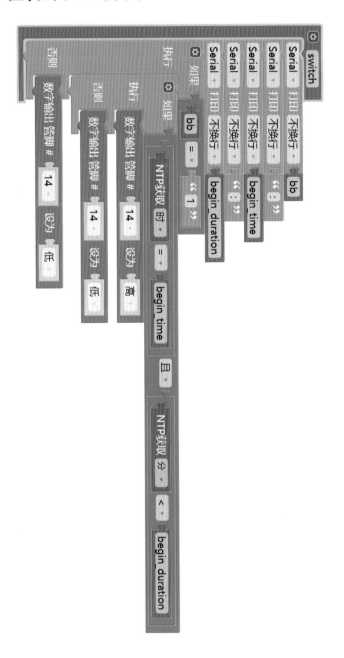

图 3.19　控制继电器开与关子程序

（4）简单定时器，用于判断定时时间到时关闭继电器。定时器定时启动程序如图 3.20 所示。

图 3.20　定时器定时启动程序

本活动中完整程序参见附录六。

四　总结提高

上面我们通过定时器程序，学会了用逻辑表运算符来构成复杂逻辑表达式。常用的逻辑运算符除了"与""或"外，还有"非"，我们将在后面的学习中逐步了解。

拓展任务：

（1）如果要用"开始时间 + 结束时间"的方式来编写程序，想想应该怎样完成？

（2）定时器完成任务后，其变量值仍被保存着，第二天仍旧是该时间自动打开。怎样让程序完成后不再自动运行？

主题四 网络天气时钟

我们每天都要看着时间去上学、上班，临走之前还要看看天气预报，如果天气有雨就要带雨伞出门。但普通的时钟经常有误差，会耽误我们的时间，如果能制作一个带天气功能的网络时钟，从网络实现时间同步，不仅能准确掌握时间，而且同时也能了解当天的天气情况，可谓一举两得。

活动一　认识 OLED 显示屏

一　任务描述

OLED 显示屏具有显示效果好、价格低的特点，是目前广泛使用的显示屏。在 Mixly 编程环境下，利用 OLED 显示屏与开发板通信，可以方便地显示信息，简单易学。

二　基础知识

1. OLED 显示屏

OLED 显示屏是利用有机电自发光二极管制成的显示器，它具有低能耗、亮度高、可视角度大等特点，是目前广泛使用的一种显示设备，从大型电视、计算机显示器到手机屏，都可以看到 OLED 显示屏的身影。本书实验采用 0.96 英寸（1 英寸 = 2.54 厘米）的 OLED 显示屏，如图 4.1 所示。

图 4.1　OLED 显示屏

2. 控制电路和接口类型

与显示屏配套的控制电路（主要指芯片类型）种类很多，最常用的有 SSD1306、SH1106 等。由于不同芯片的驱动程序也不同，所以使用时需要注意选择。

OLED 显示屏与其他设备连接的接口类型很多，最常用的有两种：IIC 和 SPI，前者为 4 针接口，后者有 7 针或 8 针接口。

操作实践

1.硬件连接

以 IIC 接口的 0.96 英寸 OLED 显示屏为例，查阅相关资料得知，IIC
接口显示屏与 ESP8266 开发板的连接方式及实物图如图 4.2 所示。

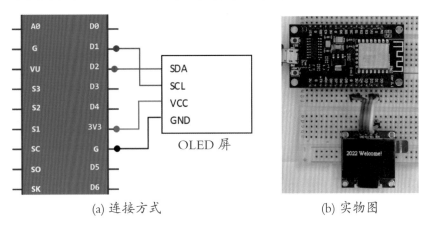

(a) 连接方式　　　　　　　(b) 实物图

图 4.2　IIC 接口显示屏与 ESP8266 开发板的连接方式及实物图

2.显示字符

以 SSD1306 驱动、分辨率为 128×64 的显示模块为例，组建网络天
气时钟。在 Mixly 程序中找到"显示器－OLED 显示屏"，拖出如图 4.3
所示的两个模块，前者为初始化模块，执行显示命令；后者为一个函数
调用，设置显示字体、字号、位置以及显示的字符内容。

（a）初始化模块

（b）子程序

图 4.3　OLED 显示屏程序模块

然后上传程序到开发板，观察显示效果。

知 识 林

设备地址

在计算机进行数据通信时，常常用设备地址来标识一个物理设备（如网卡、打印机等），每一个设备都有一个设备地址，系统通过该地址来访问该设备。OLED 显示屏的 IIC 接口也有一个设备地址，我们可以通过"工具"里的"IIC 设备地址查找"来查看设备地址（0x3C 是多数设备的地址）。

3. 显示图像

OLED 显示屏是以点阵方式显示字符的，即在屏上有很多发光点。显示分辨率 128×64 表示屏幕的水平方向有 128 个发光点，垂直方向有 64 个发光点。目前，多数 OLED 显示屏只能显示英文字符，不能直接显示汉字，一般可以通过图像的形式来显示汉字。

例如，我们用 Mixly 内置图像制作一个"转动的眼睛"小作品，借此了解一下图像显示基本操作，该程序如图 4.4 所示。

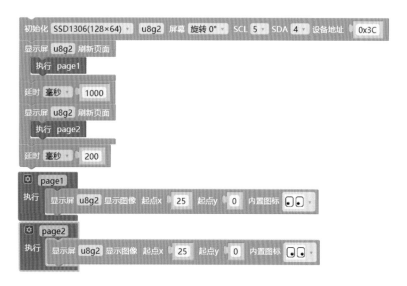

图 4.4 OLED 显示"转动的眼睛"的程序

上面我们实现了用 OLED 显示屏显示文字和图像功能，其实还可以在 OLED 显示屏上绘制图形，如直线、矩形、圆形、三角形等，这里就不一一列举，有兴趣的同学可以自己尝试。

试一试：怎样可让字符在显示屏上产生移动效果？尝试编写实现此效果的程序。

活动二　显示日期和时间

互联网上有时间服务器，从时间服务器上同步的时间是最精确的。下面我们要学习如何从互联网上获取精确的日期和时间，并将其显示在液晶屏上。

1. 常量和变量

计算机运算过程中始终保持不变的量称为常量，如圆周率 π；另外多数都是会发生变化的量，称为变量，如日期、时间、温度、湿度等。程序设计时经常要用到变量，用来记录检测到的数据。变量在使用前需要事先定义，定义变量如图 4.5 所示。

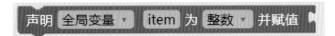

图 4.5　定义变量

2. 变量的类型

变量有不同的类型，如整数、小数、字符串、布尔（即逻辑型）等。

不同类型的变量在定义时就需要说明其类型，不能混用，否则程序编译或上传时会出错。

3. 函数

我们经常需要对各种数据类型进行处理，如数值累加、计数、逻辑运算、字符串拆分或合并等，这些运算都需要通过函数完成。Mixly 为我们封装了一些常用函数，分别存放在数学、逻辑、文本等类别模块下。常用函数模块见表4.1。

表 4.1　常用函数模块

分　类	常用函数模块	功能说明
数学模块	1 + 1	加 / 减 / 乘 / 除运算
	取整(四舍五入)	四舍五入运算
	随机整数 从 1 到 100	取随机整数
逻辑模块	=	关系运算（比较大小）
	且	逻辑运算（与 / 或）
	如果为真 如果为假	判断后执行
文本模块	连接字符串 "A" + "B" + "C"	连接多个字符串
	数据类型转换 字符串 substring	转换为字符类型

三　操作实践

1. 显示实时时间

打开 Mixly 编程环境，在"网络–WiFi"里有时间服务器模块（图4.6），它提供了连接时间服务器功能。

图 4.6 时间服务器模块

知 识 林

什么是时区？

我们知道，地球自转产生了日夜交替，太阳在一天中不同时间照射地球的不同部位，为方便全球交流，国际组织把全世界划分为 24 个时区，每个相邻时区相差 1 小时。中国是处在东 8 区。

2. 字符串处理

（1）转换为字符串。

用"网络 –WiFi"下的 NTP获取 年 模块能获取到即时的年、月、日和时、分、秒信息，但获取的是数值类型，要使 OLED 显示屏显示，必须用 数据类型转换 字符串 NTP获取 年 转换为字符类型。

（2）连接多个字符串。

用 连接字符串 "A" + "B" + "C" 把年、月、日以及时、分、秒连接起来，显示在 OLED 显示屏上。点击左上角的齿轮，可以增加或减少连接字符串的数目。

3. 完整程序

完整的时钟程序如图 4.7 所示。

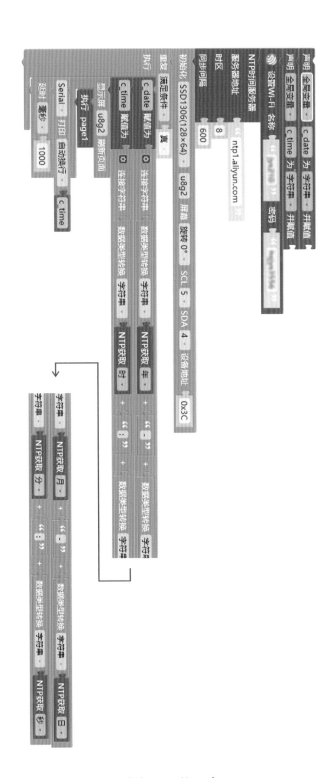

图 4.7 完整的时钟程序

知 识 林

显示屏模块上的"u8g2"是一种设备图形库，它为常用的显示屏提供各种可显示的字符、控制指令和工作标准。

四　总结提高

用 NTP 服务器可以获取即时日期和时间，转化为字符串后可以显示在 OLED 显示屏上，实现网络即时时钟功能。

试一试：当日期或时间数字小于 10 时，如何在数字前自动添加一个"0"？试用程序实现，并上传到开发板测试。

活动三　显示天气信息

一　任务描述

完成了日期和时间显示，下面我们学习如何显示天气。Mixly 为我们提供了气象数据接口，可以获取各地的气象数据。

二　基础知识

1. 注册和登录"心知天气"并获取密钥

打开心知天气网站（https://www.seniverse.com/），需要用邮箱或手机注册用户，然后在主页 – 控制台界面下选择"产品管理 – 免费产品"找到"API 密钥 + 添加密钥"，系统会产生一个公钥和一个私钥，如图 4.8 所示，点击小眼睛可查看私钥。免费用户可获得最多 3 个密钥，请妥善保管。

图 4.8　心知天气免费版获取密钥

2. 带参数的自定义函数

在 Mixly 中一些被反复使用的程序片段，我们可以用函数来编写，这一方面增加了程序的可读性，同时也使运行效率更高。而有些程序片段基本结构相同，只是某些参数不同，则可用带参数的函数来执行。

例如，我们想在获取日期值小于 10 的变量前自动添加一个"0"，使界面更美观，可编写图 4.9 所示的一个函数。

图 4.9　带参数的函数

带参数的函数调用方法如图 4.10 所示。

图 4.10　带参数的函数调用方法

小技巧：带参数的函数在"函数"模块下，点击左上角的小齿轮，将"参数"拖放到"输入"框内即可添加参数（图 4.11）。我们可以给函数添加多个参数。

图 4.11　带参数的函数添加参数方法

三　操作实践

在本主题活动二的基础上修改程序。

1. 连接心知天气服务器

在 Mixly 的"网络 – 心知天气"模块（图 4.12）下把连接天气服务器模块拖放到程序中，然后选择你所在的地区及城市，把私钥用文本模块附加到"API 私钥"。如果没有注册过用户，也可用系统提供的密钥。

图 4.12　心知天气模块

温馨提示：要获得未来天气，需再添加一个"3 天天气预报"模块（在"心知天气"后的选项框内选）。

2. 获取天气数据

连接天气服务器后，即可用  来获取天气数据。为了保证获取的数据完整有效，并将获取情况显示在串口监视窗口中，我们通常使用如图 4.13 所示的语句模块组合。

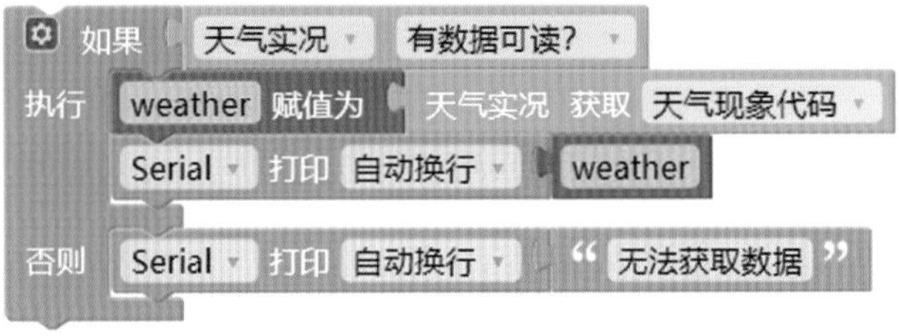

图 4.13 心知天气获取天气语句模块组合

同理，如要获得今后几天的天气情况，使用图 4.14 所示的语句。

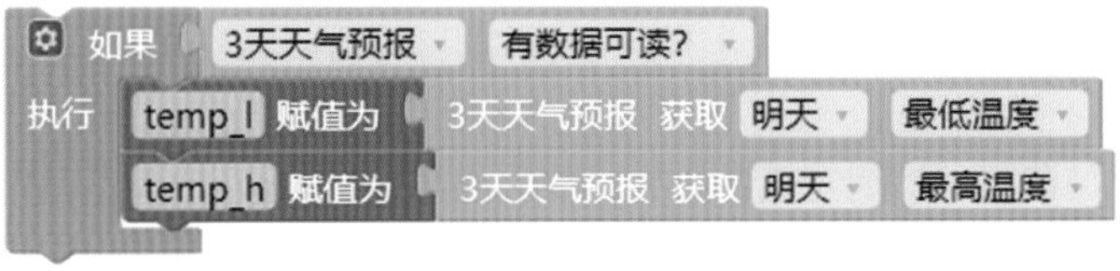

图 4.14 心知天气获取未来天气模块组合语句

3. 天气代码

由于普通 OLED 显示屏不能显示汉字，所以只能用英文或图片、图形来表示地名和天气。我们可以先获取天气代码（详见附录三），再通过程序将天气情况用图像方式表示出来。函数代码如图 4.15 所示，完整的原程序请参见附录六。

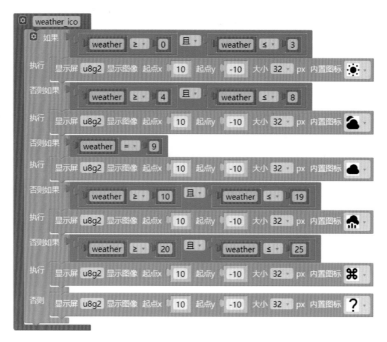

图 4.15　用图像方式显示天气信息

（四）总结提高

网络天气时钟程序整体看上去比较庞大，但只要掌握各程序块的基本功能，理解也并不困难。

需要注意的是，天气信息是在开发板发出请求后获取的，此请求的频率不能太高，否则会被认为是网络攻击而被屏蔽。因此我们在程序中用到了一个延时功能，每次获取天气后记录下时间（t），下次请求在 1 分钟（60 000 毫秒）后才发出（图 4.16）。程序延时的方法很多，图 4.15 所示方法是在程序设计中是经常用到的方法之一。

图 4.16　程序中的延时方法之一

活动四　获取环境温度

一 任务描述

通过天气服务器获取的天气数据，与周边环境实际数据有一定差异，特别是室内和室外温度还会有很大差别。如果要获取环境实际温度，日常生活中我们需要借助温度计，而在物联网中我们需要使用温度传感器来实现。

二 基础知识

1.温度传感器

温度传感器是指能感受温度并转换成可用输出信号的传感器，大多数温度传感器也可测量湿度，所以又称为温湿度传感器。温度传感器的种类繁多，核心器件和工作原理也有很大区别，购买时要仔细查看参数和说明。Mixly 2.0 版本支持了多种类型的温度传感器，其型号和主要参数见表4.2。

表4.2　Mixly 2.0 版本支持的温度传感器类型

传感器类型	图片样式	主要参数	
		测量范围	测量精度
DHT11/21/22		（温度）–20 ~ 60 ℃ （湿度）5% ~ 95%	±2 ℃ ±5%
LM35		（温度）0 ~ 100	±0.5 ℃
DS18B20		（温度）–55 ~ 125 ℃	±2 ℃
BME280		（温度）–40 ~ 85 ℃ （湿度）0% ~ 100%	±0.5 ℃ ±3%
SHT20		（温度）–40 ~ 125 ℃ （湿度）0% ~ 100%	±0.3 ℃ ±3%
AHT20/21		（温度）–40 ~ 85 ℃ （湿度）0% ~ 100%	±0.3 ℃ ±2%

2.温度传感器的主要参数

（1）测量范围：测量范围指能够测量温度或湿度的最小值至最大值的范围。

（2）测量误差：测量误差是指测量的数值与实际温度（湿度）的差距，是温度传感器重要的性能指标，通常也是温度传感器价格差异的原因。

（3）工作电压：本书实验用温度传感器的工作电压一般在3.3 ~ 5 V，这也是物联网通用开发板的工作电压。

3.温度传感器的接口

温度传感器与其他类型的传感器一样，主要有数字和模拟两种接口类型，使用时要阅读使用说明书来连接导线。有些温度传感器采用 IIC 接口，需要连接到开发板对应的 IIC 接口。

三 操作实践

根据所使用的温度传感器模块类型，按正确的方法连接到开发板上，编程时选择相应的温度获取模块来获取环境温（湿）度。图 4.17 所示为是两个不同类型温度传感器模块搭建的电路实例。

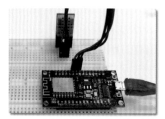
(a) DHT11/22

(b) BMP280

图 4.17   两种温湿度传感器装置

知 识 林

IIC 接口

IIC 接口（可写成 I2C 接口）是由 Philips 公司开发的一种数据接口，它是用两根双向同步数据线（不包括电源线）实现数据传输，使设备连接变得简单，节约了开发板的引脚，同时抗干扰能力强。其缺点是传输效率比较低。

1. 电路连接

（1）DHT11/22 温湿度传感器。

如图 4.18 所示，DHT11/22 温湿度传感器的三个引脚分别是 VCC、GND 和 DATA（数据），是一种数字传感器。其搭建电路如图 4.19 所示。

图 4.18　DHT11/22 温湿度传感

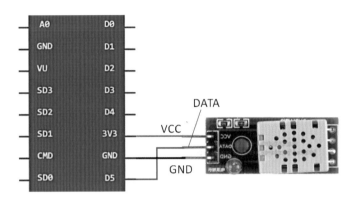

图 4.19　DHT11/22 温湿度传感器电路图

（2）SHT20 温湿度传感器。

SHT20 温湿度传感器是一种为 IIC 接口的传感器，它与 ESP8266 开发板的连接方式如图 4.20 所示。

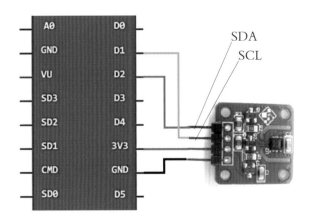

图 4.20　SHT20 温湿度传感器与 ESP8266 开发板连接的电路图

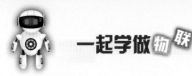
2. 编写程序

不同类型的温湿度传感器电路的搭建方法不同，但编写程序方法基本相同。下面以 SHT20 温湿度传感器为例，用串口输出温度和湿度值程序如图 4.21 所示。

图 4.21　串口输出温度和湿度值程序

3. 数据记录

将各小组同学测出的环境温度和湿度数据汇总，记录到表 4.3 中。

四 总结提高

表 4.3　各组温度和湿度测量记录数据汇总表

小组	1	2	3	4	5	6
温度						
湿度						
数据分析与结论						

从各小组实验结果可以看到，相同的环境测得温度和湿度不完全相同，这主要是由于温湿度传感器本身存在一定的测量误差范围，同时由于传感器材料和成本因素，低档次产品的误差会更大，造成测量的数据与实际温度或湿度有不同程度的差距。

拓展任务：

① 我们可以把温湿度传感器与前面学到的 OLED 显示屏结合起来，让屏幕显示天气信息的同时，显示环境实际的温度和湿度信息。

② 可以将传感器测得的温度、湿度信息发送到 MQTT 服务器，实现温度、湿度数据的远程监控。

主题五 环保智能小夜灯

小夜灯是我们生活中必不可少的照明工具，它不仅给我们生活带来方便，有些还具有各种特效，如会逐渐变亮变暗、变换色彩等，给我们带来不少乐趣。从今天开始，我们用废旧材料结合开发板和其他材料，自己制作一个既环保又智能的小夜灯。

活动一　认识 RGB-LED 灯

一 任务描述

普通的 LED 灯能发出不同颜色的光，是由于在制作时加入了一些特殊的化学物质，如砷化镓使 LED 发出红光、磷化镓使之发出绿光等。一种 LED 灯只能发出一种光，我们称之为单色光。下面我们认识一种能产生颜色变化的 LED 灯——RGB-LED 灯。

二 基础知识

RGB-LED 灯（简称 RGB 灯）内部集合了红、绿、蓝三种颜色显示材料，所以能够显示红、绿、蓝三色光。这三种颜色光又可以组合成各种颜色，最多能显示 1 600 多万种。

1. 光的三原色

由红、绿、蓝这三种颜色的光组合，可以形成不同颜色的光，如红色 + 绿色 = 黄色，红色 + 蓝色 = 紫色，绿色 + 蓝色 = 青色，红色 + 绿色 + 蓝色 = 白色。而红、绿、蓝三种颜色的光按不同比例混合，可以合成几乎所有的颜色的光，所以我们把红、绿、蓝称为"光的三原色"（图 5.1）。

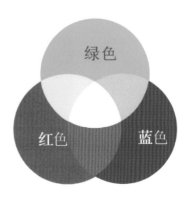

图 5.1　光的三原色

2. 颜色的 RGB 值

由于各种颜色的光都可以用红、绿、蓝三原色按一定比例合成，所以可以把任意一种颜色用红、绿、蓝三色的占比来表示，这就是光的 RGB 表示法。图 5.2 中列出部分颜色光的 RGB 值。

颜色样式	RGB数值	颜色代码	颜色样式	RGB数值	颜色代码
黑色	0,0,0	#000000	白色	255,255,255	#FFFFFF
象牙黑	88,87,86	#666666	开蓝灰	202,235,216	#F0FFFF
冷灰	128,138,135	#808A87	灰色	192,192,192	#CCCCCC
暖灰	128,118,105	#808069	象牙灰	251,255,242	#FAFFF0
石板灰	118,128,105	#E6E6E6	亚麻灰	250,240,230	#FAF0E6
白烟灰	245,245,245	#F5F5F5	杏仁灰	255,235,205	#FFFFCD
蛋壳灰	252,230,202	#FCE6C9	贝壳灰	255,245,238	#FFF5EE
红色	255,0,0	#FF0000	黄色	255,255,0	#FFFF00
镉红	227,23,13	#E3170D	镉黄	255,153,18	#FF9912
砖红	156,102,31	#9C661F	香蕉黄	227,207,87	#E3CF57
珊瑚红	255,127,80	#FF7F50	金黄	255,215,0	#FFD700
番茄红	255,99,71	#FF6347	肉黄	255,125,64	#FF7D40
粉红	255,192,203	#FFC0CB	粉黄	255,227,132	#FFE384
印度红	176,23,31	#B0171F	橘黄	255,128,0	#FF8000
深红	255,0,255	#FF00FF	萝卜黄	237,145,33	#ED9121
黑红	116,0,0	#990033	黑黄	85,102,0	#8B864E
绿色	0,255,0	#00FF00	棕色	128,42,42	#802A2A
青色	0,255,255	#00FFFF	土色	199,97,20	#C76114

图 5.2 部分颜色光的 RGB 值

知 识 林

光的本质

一般认为，光是一种电磁波，不同颜色的光具有不同的波长（波在传导时波峰与波峰之间的距离），可见光的波长为 400 ～ 700 nm（1 nm=10^{-9} m）。不同颜色光的波长不同，而不同波长的光互相叠加形成新的波长，于是产生了新的颜色。

3. RGB 灯

RGB 灯是采用特殊工艺，将三原色光的 LED 灯整合到一起，通过控制这三原色光的发光比例，让 LED 灯产生不同颜色的光。

RGB 灯有各种封装形式，如灯泡、灯带、灯板等（图 5.3）。

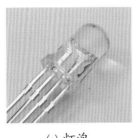  

(a) 灯泡   (b) 灯带   (c) 灯板

图 5.3 各种 RGB 灯

三 操作实践

下面我们以 RGB 灯为例，来制作我们的环保智能小夜灯。

1. 了解 RGB 灯

RGB 灯有 4 个引脚，其中最长的是接地（共阴）或接电源正极（共阳），其余 3 个引脚分别是红、绿、蓝三色灯脚，如图 5.4 所示。

图 5.4 RGB 灯泡

知 识 林

共阴和共阳

我们可以把一个 RGB 灯理解为红、绿、蓝三个 LED 灯并联而成。由于 LED 灯有正、负极之分，所以当我们把 LED 的负极（又称阴极）并联在一起，引出三个阳极引脚，这种方式称为"共阴"。相反，把 LED 的阳极并联，引出三个阴极的方式称为"共阳"。

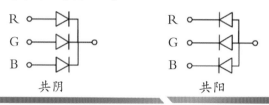

2. 电路连接

参照前面学过的内容，我们可以用 ESP8266 与 RGB 灯搭建数字电路，如图 5.5 所示。

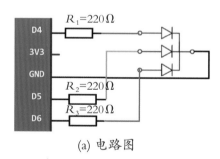

(a) 电路图

(b) 实物图

图 5.5　RGB 灯与开发板连接电路图和实物图

说一说：3 个电阻的作用是什么?

3. 编写程序

我们使用一个循环语句让程序进行 3 次循环，每次分别点亮红、绿、蓝三色中的一种颜色，然后延时 1 秒，循环往复，RGB 灯演示程序如图 5.6 所示。

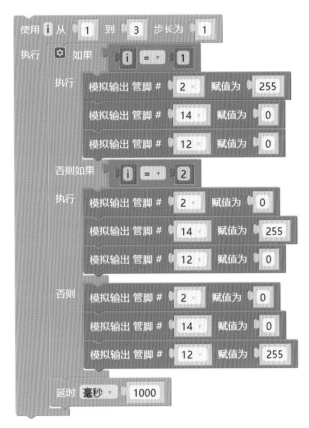

图 5.6　RGB 灯演示程序

程序中控制 RGB 灯的指令为 模拟输出 管脚 # 0 赋值为 0 模块，它向对应数字引脚发出的不是高 / 低电平信号，而是一个数字，这是为什么呢？这部分内容将在下一活动中介绍。

温馨提示：RGB-LED 灯是一种高亮度灯，当灯点亮时，请不要用眼睛直视它，否则容易造成伤害。最好用一个白纸或半透明的套子套上，以减弱它的光线。

四　总结提高

RGB 灯其实就是红、绿、蓝三色 LED 的整合，其控制方法也与普通 LED 灯没有太大差异，但它的应用比普通 LED 灯更丰富，这些将在下一节中学习。

另外，我们可以把程序简单改写成图 5.7 所示样式，不需要使用循环语句，因为 Mixly 的程序主体本身就是在不断循环的。

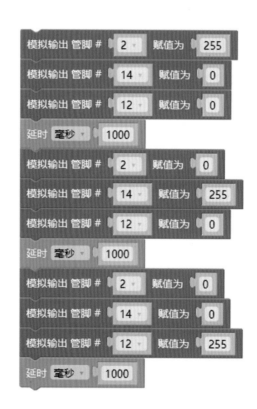

图 5.7　改写后的程序

试一试：对照颜色的 RGB 值（图 5.2），通过设置不同的 RGB 颜色配比，显示各种你想得到的颜色。

活动二　从渐明到渐暗

一 任务描述

前面制作的 RGB 灯实现了不同颜色的切换，但颜色的变化比较突兀，缺乏过渡。我们怎样实现三种颜色由暗到明、再由明到暗的渐近过渡效果呢？

二 基础知识

1. 数字信号和模拟信号

前面我们学过的开发板数字口输入 / 输出值都是高电平（1）或低电平（0），这种信号称为数字信号，如图 5.8（a）所示；模拟口输入 / 输出一定大小的数值，这种信号称为模拟信号，如图 5.8（b）所示。

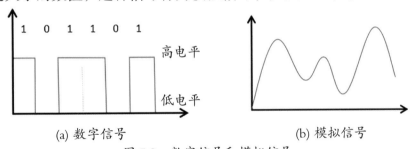

(a) 数字信号　　　　　　　　　　　　(b) 模拟信号

图 5.8　数字信号和模拟信号

2. PWM

开发板上某些数字口具有一种称为脉宽调制（Pules Width Modulation，PWM）的功能，它是一种利用开发板的数字口对模拟电路进行控制的技术。其原理是通过在一定范围内调节输出的高 / 低电平比例（称为"占空比"）来产生模拟信号。从图 5.9 中可以看出，输出高电平的比例越高，PWM 值就越大。

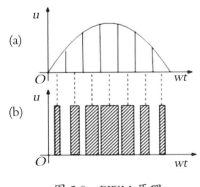

图 5.9　PWM 原理

在开发板或其相关资料图片上，具有 PWM 功能的数字口一般有一个 "～" 符号。图 5.10 所示为 ESP8266 开发板的 PWM 分配情况。

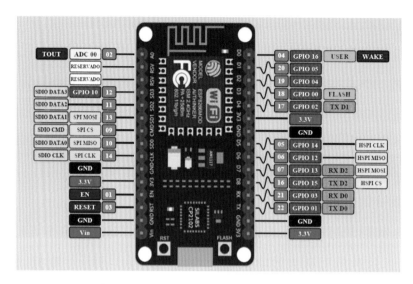

图 5.10　ESP8266 开发板的 PWM 引脚

三　操作实践

1.搭建电路

要实现 RGB 灯产生逐渐变亮或变暗效果，必须要将其引脚连接到 PWM（D1 ～ D8）口。我们上节内容分别接到 D4、D5 和 D6 数字口上，它们的程序编号分别是 2、14 和 12。

2.编写程序

要实现 RGB 灯由暗变亮或由亮变暗效果，程序中需要对相关颜色的引脚输出由小到大或由大到小的不同值，显然，可以用循环语句来实现，其程序如图 5.11 所示。

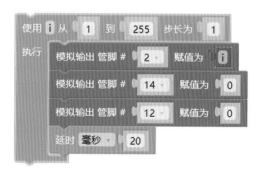

图 5.11　RGB 灯由暗变亮的程序

图 5.11 所示程序是实现红色由暗变亮，程序中延时语句的参数大小决定了颜色变化的快慢。

试一试：写出让绿灯由亮变暗的程序，编写完成后上传到开发板，观察 RGB 灯变化效果。

3. 完善程序

点亮后的小夜灯起到为我们照明的效果，颜色变化使小夜灯更加可爱，但如果完全变暗，就起不到照明的作用了，所在在程序设置循环范围时要考虑这些因素。

另外，要实现三种颜色同时变化，就需要同时改变三个引脚的输出值，这样会产生出更加多变的色彩效果。

四 总结提高

PWM 是用数字引脚控制模拟设备，在不同类型的开发板中具有 PWM 引脚不同。使用时需要查阅开发板的相关资料，根据具体型号使用具有此项功能的引脚，否则达不到预期的效果。

PWM 是开发板重要的功能，在很多设备控制上都需要用到，除了 LED 灯外，舵机、电机等也要用到，这些内容我们将在后面详细介绍。

活动三　远程控制 RGB 灯

一 任务描述

说到物联网就离不开远程控制，我们的环保智能 RGB 小夜灯也能实现用移动设备远程控制才行。我们可以利用 MixIO 中的 RGB 组件实现 RGB 灯的远程控制。

二 基础知识

RGB 色盘组件：MixIO 中有一个 RGB 色盘组件（图 5.12），它可以

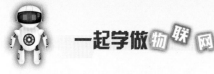
分别设置 R、G、B 的值，用以控制 RGB 灯的三原色值。

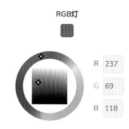

图 5.12　RGB 色盘组件

三　操作实践

1. 添加 RGB 组件

在 MixIO 中新建项目 RGB，然后在项目中添加一个 RGB 色盘组件，如图 5.13 所示，色盘的周边圆形可取色，而中间的方框取亮度值。

图 5.13　添加 RGB 组件

2. 编写程序

（1）声明变量。

在 Mixly 编程环境中进行变量声明，如图 5.14 所示。

图 5.14　声明变量

（2）连接 WiFi，同时连接到 MQTT 服务器，如图 5.15 所示。

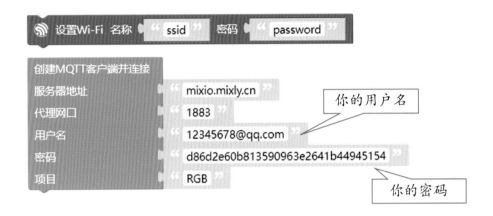

图 5.15　连接 WiFi 和 MQTT 服务器

（3）接收主题，保存 R、G、B 值，如图 5.16 所示。

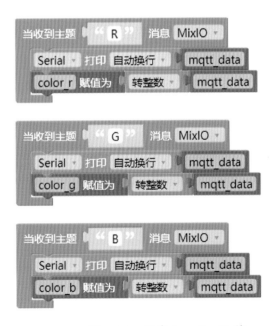

图 5.16　保存 R、G、B 值

（4）RGB灯显示颜色的程序如图5.17所示。

图 5.17　显示 RGB 颜色的程序

四　总结提高

上述案例为我们揭示了一种远程控制原理，我们可以将它应用到物联网开发的其他领域，实现更多的应用，如现在很多城市建筑群的灯光秀，就是利用 RGB 灯在整幢建筑甚至多幢建筑上显示特定的图案。

活动四　小夜灯智能应用

一　任务描述

我们这里说的"智能"，就是让设备能够根据人的需要和实际场景来感知环境，并自动打开或关闭设备。对于小夜灯，它的"智能"就是能感知人靠近，在光线不足的情况下，实现自动开灯；而当人离开后，能够自动关闭。

二　基础知识

1. 光线传感器和人体红外传感器

我们前面已经学过，光线传感器是能够感受外界光线强弱的设备，而人体红外传感器是通过对人体发出的红外光进行感应，产生一定的电流，从而实现感知人体靠近。

2. 流程图

采用特定的符号及说明，描述问题解决的过程（称为算法）的图形表达，称为流程图。常用的流程图符号见表 5.1。

表 5.1 常用流程图符号及意义

符　号	名　称	含　义
开始和结束符	程序的开始和结束
处理框	要进行的数据处理
判断框	判断，结果成立（Y）或不成立（N）
数据框	数据的输入 / 输出
流向箭头	执行的方向与顺序

智能小夜灯工作流程图如图 5.18 所示。

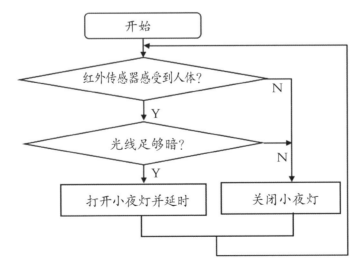

图 5.18　智能小夜灯工作流程图

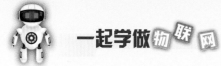
三 操作实践

1. 硬件搭建

小夜灯电路图和实物图如图 5.19 所示。

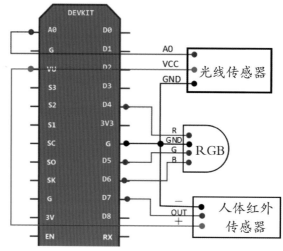

(a) 电路图

(b) 实物图

图 5.19　小夜灯电路图和实物图

2. 编写程序

图 5.18 所示工作流程可以用两个嵌套的判断实现，更简单的做法是把两个判断合并，中间加一个逻辑运算符来实现。

知 识 林

逻辑运算和逻辑运算符

根据图 5.18 所示工作流程图分析可知，只有当人体红外传感器检测到人体（高电平），同时光线传感器检测光线较弱（A0 ≥ 800）时，RGB 小夜灯才点亮。这类有多个判断同时发生的事件，要用到"逻辑运算符"。常用的逻辑运算符见表 5.2。

表 5.2 　常用的逻辑运算符

逻辑运算符	含　义	举　例
与（and）	当两个判断条件都为"真"时，返回值才为"真"，否则返回值为"假"	1>0 and –1<0 → 真 1>0 and –1>0 → 假 1<0 and –1<0 → 假 1<0 and –1>0 → 假
或（or）	当两个判断有一个为"真"时，返回值为"真"；只有当两个判断均为"假"时，返回值才为"假"	1>0 or –1<0 → 真 1>0 or –1>0 → 真 1<0 or –1<0 → 真 1<0 or –1>0 → 假
非（not）	只有一个参数，当参数为"真"时，返回值为"假"；当参数为"假"时，返回值为"真"	not 真 → 假 not 假 → 真

在 Mixly 中，"与"运算用 ▇▇▇▇ 表示，"或"运算用 ▇▇▇ 表示，它们都有两个参数，而"非"运算为 ▇▇ ，它只有一个参数。

（1）两层嵌套逻辑判断（图 5.20）。

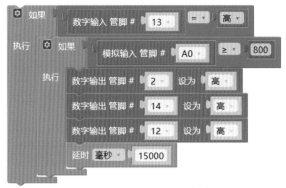

图 5.20 　显示 RGB 颜色

（2）利用逻辑运算符判断（图 5.21）。

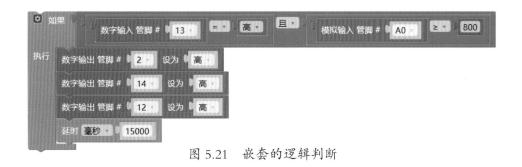

图 5.21 　嵌套的逻辑判断

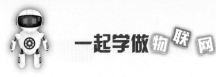

（3）完整的判断程序（图 5.22）

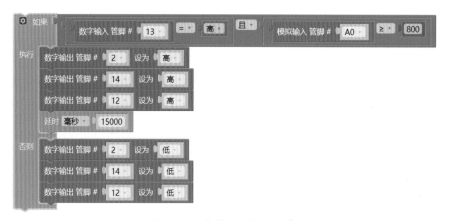

图 5.22　完整的判断程序

程序说明：点击"如果"模块左上角的小齿轮，把"否则"模块拖放到程序块内，即可调出"否则"模块，如图 5.23 所示。如果程序需要进行多个判断，还可以向程序中加入多个"否则如果"模块。

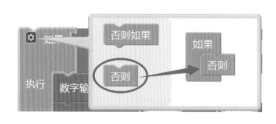

图 5.23　模块功能编辑

四　总结提高

利用传感器感知环境变化，并做出相应动作，是物联网应用中常用的手段。我们要学会合理地利用逻辑判断语句，让多个传感器同时工作，以处理各种复杂的现实问题。

试一试：尝试用流程图表示上述完整程序。在什么情况下，我们需要用到逻辑"或"来连接两个逻辑运算？举一个生活中的实例。

活动五　小夜灯造型与组装

一 任务描述

硬件搭建完成,接下来我们完成小夜灯的外观制作。为体现"环保"理念,我们的小夜灯是用废旧材料制作而成的。

二 基础知识

1. 塑料酸奶瓶

RGB 灯是一种高亮度的 LED 灯,为了让小夜灯发出柔和的光线,我们要准备一个乳白色的塑料酸奶瓶作为灯的主体(图 5.24)。如果没有乳白色塑料酸奶瓶,也可以用透明塑料瓶里面衬一层白纸来减弱光线。

图 5.24　塑料酸奶瓶

2. 多孔电路板(可选)

多孔电路板又称为洞洞板,如图 5.25 所示,它是制作简单电路常用的材料。我们可以把元件焊接在多孔电路板上,或者通过排针或排母(图 5.26)把元件接插在多孔电路板上。相对于面包板,使用多孔电路板连接的电路更加牢固,不易松动。但其缺点是一旦焊接后不易改变,所以必须事先做好电路规划,确认没有问题后再进行焊接。

用面包板和杜邦线插接也可以构成电路，这种做法的缺点是接口容易松动，应采取一些措施加以固定（如用热熔胶固定）。

3. 排针和排母（可选）

与多孔电路板一起使用的排针和排母是提供元件接插的配件，通常那些价格较高或者遇高温易受损的元件，可以通过排针或排母连接到电路中。

要根据接插元件的类型和针脚数选择合适的排针或排母，如 ESP8266 一般为 15 针，就要选择 15 针的排母。人体红外传感器和光线传感器通常分别使用 3 针或 4 针的排母。一些接口为母线的元件要选用排针作为连接件，有些排针或排母需要用到弯针脚。

图 5.25　多孔电路板

图 5.26　排针和排母

4. 工具

完成电路搭建还需要电烙铁、焊锡丝、焊锡膏（或助焊剂）、细导线、尖头镊子、剪刀、美工刀等工具或材料（图 5.27）。

电烙铁　　　焊锡丝　　　焊锡膏　　　镊子　　　细导线

图 5.27　工具和材料

三　操作实践

1. 准备灯体

把酸奶塑料瓶洗净擦干水分，根据瓶体大小和安装位置，用美工刀或剪刀开孔或截断，方便安装小夜灯和其他控制装置。

2. 连接电路

根据电路图，把各元件或排针/排母焊接到多孔电路板上，或用面包板连接好各元件，连接小夜灯电路图如图 5.28 所示。

图 5.28　连接小夜灯电路图

3. 组装小夜灯

根据各元件的定位，在塑料瓶底侧面适当位置分别开出电源、红外传感器和光线传感器的孔，并用热熔胶固定，最后把瓶体重新组装、固定好，一个精美的智能小夜灯就制作好了。组装成功的小夜灯如图 5.29 所示。

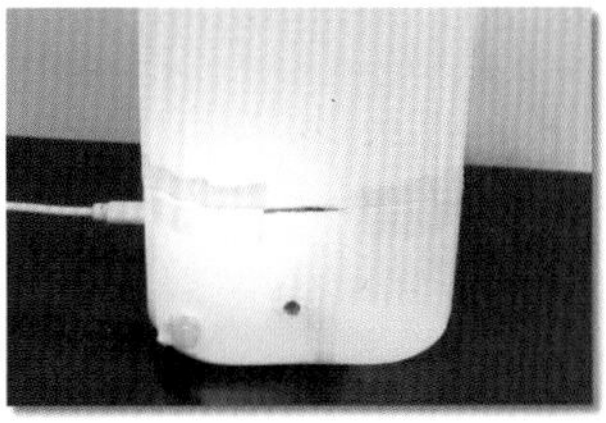

图 5.29　组装成功的小夜灯

四　总结提高

智能环保小夜灯组装完成，上传程序到开发板，下面就可以测试使用了。用手遮挡住光线传感器，人体红外传感器感受到人体，RGB 灯发光，15 秒后如果没有检测到人体靠近，小夜灯自动熄灭。

试一试：把 RGB 灯点亮的部分程序换成自动变色效果，修改程序再次上传，让小夜灯更加绚丽。

展示交流：各小组展示自己的小夜灯作品，从技术水平、制作精美程度等方面对作品进行打分，评出最优作品。

主题六 智能车库道闸

汽车已经成为人们生活必不可少的交通工具，随着汽车数量日益增多，对停车的管理难度也越来越大。为提高停车场的管理效率，绝大多数停车场都安装了自动道闸。下面我们通过实践，来了解自动道闸的工作原理。

活动一　制作人工控制道闸

一　任务描述

最初的汽车车库道闸是人工控制的，当管理人员看到汽车进入车库，通过按键打开车库道闸，给汽车放行，并记下汽车牌照。下面我们的研究也从人工道闸开始。

二　基础知识

1. 舵机

舵机是一种可以控制转动一定角度的特殊电机，它是由电机、减速齿轮、位置检测元件及相关电路组成，是一种有广泛用途的元器件，舵机如图 6.1 所示。

图 6.1　舵机

2. 按键开关

按键开关是一种常见的电子元件（图 6.2），它的种类很多，形态各异。按键开关在使用前，可以使用万用表测定其引脚的断开和导通情况。下面以普通的按键开关为例，学习在物联网制作中开关的使用方法。

3. 上拉电阻和下拉电阻

图 6.2　按键开关

在物联网制作中，按键操作是通过检测开关的电平状态变化（"高→低"或"低→高"）来实现的。为此，必须先把按键控制的引脚设置为高电平或低电平。通常是用一个大阻值的电阻（10 kΩ 左右）连接在电路中（图 6.3），使引脚保持在高电平或低电平状态。当按下按键时，电平状态发生改变。这种能使引脚保持在高（低）电平状态的电阻就称为上（下）拉电阻。

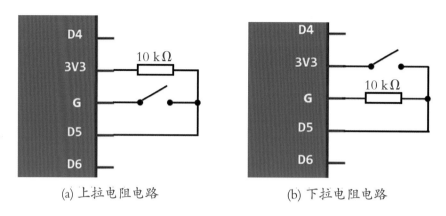

(a) 上拉电阻电路　　　　　(b) 下拉电阻电路

图 6.3　上拉电阻和下拉电阻

三　操作实践

1. 电路搭建

（1）舵机连接到开发板。

从舵机上引出的有三根导线，一般为红、黑、黄三色，它们分别连接开发板的 5V、GND（接地）和数字口。需要注意的是，与舵机连接的数字引脚必须具有 PWM 功能（参考主题五的活动二内容）。

（2）连接开关电路。

人工控制舵机电路图如图 6.4 所示。

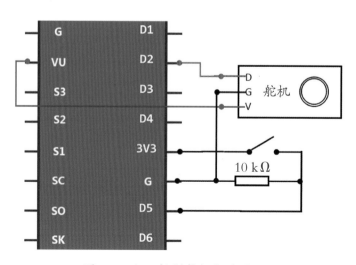

图 6.4　人工控制舵机电路图

上述搭建的开关电路采用了下拉电阻方式连接。

> **温馨提示**：某些四脚类型的按键开关在连接时，需要确定哪些脚是导通或断开的（图 6.5）。将原先断开、按下开关后导通的两脚，作为开关的两端，搭建电路时千万不能接错。

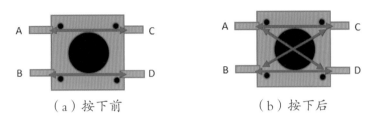

（a）按下前   （b）按下后

图 6.5　四脚按键开关工作原理

小组讨论：图 6.5 所示的四脚开关的 A、B、C、D 四脚，哪些组合可以作为开关两端的引脚？

2. 编写程序

当按键被按下（高电平）时，舵机转动 90°，否则舵机转回到 0°，按键开关控制程序如图 6.6 所示。

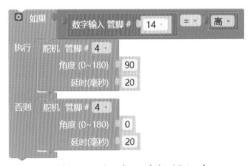

图 6.6　按键开关控制程序

程序说明：舵机控制模块里的"延时"可以控制舵机转动的速度，延时越长，舵机转动越慢。

教你一招：在程序开始加入一条 ![管脚模式 14 设为 上拉输入] （在"输入 / 输出"模块下，默认为"输入"模式），就可以免去 10 kΩ 的电阻，实现按键开关控制，利用板载上拉电阻搭建的电路如图 6.7 所示。

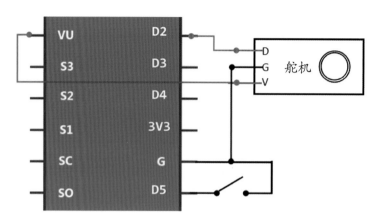

图 6.7　利用板载上拉电阻搭建的电路图

小组讨论：

（1）按照图 6.7 所示改造电路后，程序需要做哪些修改？

（2）在图 6.7 中画出板载上拉电阻的实际位置，并讨论是否正确。

3. 搭建模型

我们可以用 3D 打印机打印出车库道闸所需的部件，也可以用其他材料搭建一个车库道闸模型，使模拟的场景更加逼真，车库道闸装置效果图如图 6.8 所示。

图 6.8　车库道闸装置效果图

（四）　总结提高

通过人工道闸实例，我们学习了按键开关和舵机的使用。按键开关的使用需要借助上拉电阻或下拉电阻来完成，可以通过外加一个 10 kΩ 左右的电阻，也可以利用开发板内部的上拉电阻，具体用法和参数请参阅开发板相关资料。

舵机控制必须连接有 PWM 功能的引脚。不同品牌或类型的开发板引脚定义会有不同，需要查阅相关资料。另外，操作过程中需要对舵机的运行位置进行调整，同时舵机不同安装方位对角度变化也会有影响，操作时需注意。

活动二　自动检测车辆

一　任务描述

为车库道闸制作车辆自动检测装置，可自动检测来车、抬杆，节省人力成本，提高工作效率。

二　基础知识

1.超声波测距传感器

超声波测距传感器是由超声波发射和接收两部分组成，如图 6.9 所示，通过计算超声波从发射到遇物体被反射回来，然后被接收器接收到所经历的时间，计算出与物体之间的距离。

图 6.9　超声波测距传感器

知　识　林

超声波

声音是由物体振动而产生的。物体振动的频率（即每秒钟振动的次数）越高，声音越尖厉，反之则越低沉。人耳能够听到的频率范围是有限的，当振动频率超过一定范围（过高或过低）时，人就听不到了。超声波具有的频率超高（20 000赫兹（Hz）以上），是人耳听不到的声波，但我们可以通过仪器检测到。蝙蝠就是通过发出超声波来定位物体进行飞行和捕食的。

2. 其他类型的测距传感器

除了利用超声波测量物体距离外，我们还可以通过其他方式实现距离测量，常见的有红外测距传感器、雷达测距传感器等（图6.10），它们分别利用红外线反射和雷达波反射来测量物体的距离。

(a) 红外测距传感器　　　　(b) 雷达测距传感器

图6.10 其他类型测距传感器

各种类型的测距传感器都有其优点和缺点，具体见表6.1。我们要根据实际需求选择不同类型的设备，合适的才是最佳的。

表 6.1　几种常用测距传感器的优点和缺点

比较	超声波测距传感器	红外测距传感器	雷达测距传感器
优点	探测距离较远，精度较高，制作成本低，价格便宜	探测距离较小，精度较高，制作成本低，价格较便宜	探测距离远，精度高，不易受干扰
缺点	易受噪声干扰，对温度变化敏感	对温度变化敏感，易受环境因素干扰	制作成本高，价格高

三 操作实践

1. 硬件搭建

超声波测距传感器有 VCC、GND、Trig(发送)和 Echo(接收)四个引脚，其中发送和接收引脚连接到开发板合适的数字口（如 D5、D6 ）即可，自动道闸实物图和电路图如图 6.11 所示。

(a) 实物图

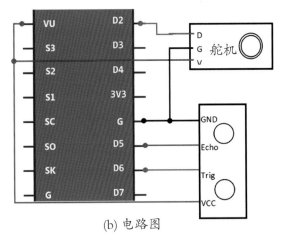

(b) 电路图

图 6.11 自动道闸实物和电路图

2. 编写程序

编写并测试自动控制道闸程序如图 6.12 所示，并设置车库道闸检测到车辆的合适距离（本例设置为 20 cm）。如果检测到车辆，道闸打开；如果检测不到车辆，道闸关闭。

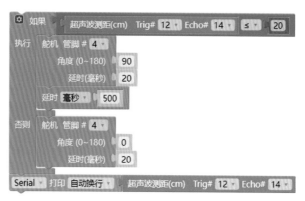

图 6.12　自动控制道闸程序

程序说明：程序在打开道闸后设置一个短暂延时，是为了防止车辆刚好在检测范围时由于误差使舵机产生抖动。

四　总结提高

超声波测距传感器具有测距远、精度高、价格便宜等优势，在物联网产品中被广泛应用。

小组讨论：实际生活中的车库道闸系统还应该考虑哪些因素，使车辆管理更科学、方便。

活动三　车辆信息获取

一　任务描述

车库的车位数量是有限的，所以有必要对进出车库的车辆进行统计，并及时反馈给管理员。如果是盈利性质的车库，还需要对每天入库车辆进行统计，以便掌握车库每天的盈利情况。

二 基础知识

1. Mixly 库

Mixly 是一个开放平台，它允许其他机构或个人开发的应用（库）挂在 Mixly 下（图 6.13），给我们的程序开发带来更多的选择。不同的第三方提供的库文件可能各有特点，我们可以尝试用它们开发各类物联网产品。

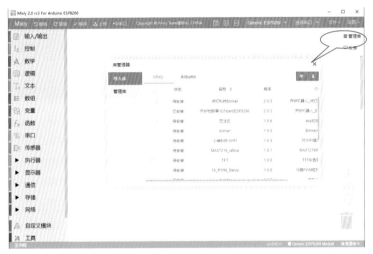

图 6.13　Mixly 库管理（导入库）

2. 库文件管理

Mixly 程序库文件都是在不断更新的，需要经常对库进行更新升级，即通过"设置"菜单里的"管理库""导入库"进行更新。在"管理库"中选中不需要的库，点击"删除"按钮可以对库进行删除操作。

三 操作实践

获取车库车辆数据并发送给移动端，可方便我们随时掌握入库车辆情况，因此需要对移动端和开发板分别进行开发、编程。

1. 服务器端开发

在 MixIO 中新建一个项目 garage，向项目中添加两个"文本显示屏"

组件如图 6.14 所示，组件名称分别为"进入"和"开出"，主题分别为 text1 和 text2。

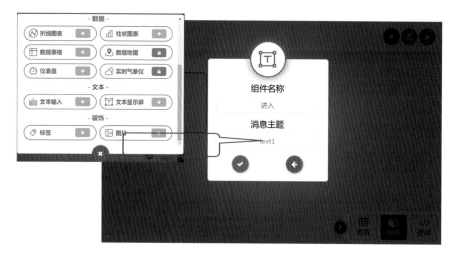

图 6.14　添加服务器组件

设置完成点击右上角的 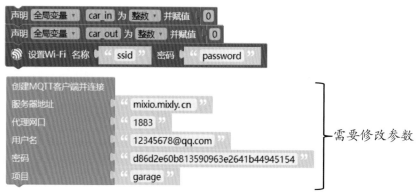 运行。

2. 程序搭建

（1）设置变量，接入 WiFi 和 MQTT 服务器，变量和环境设置如图 6.15 所示。

图 6.15　变量和环境设置

程序中：变量 car_in 记录入库车辆数；变量 car_out 记录出库车辆数。

（2）检测到车辆入库抬杆／落杆（图6.16）。

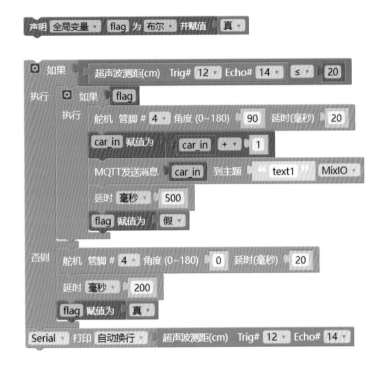

图 6.16　抬杆和落杆程序

程序说明：

① 变量 flag 用于记录车辆状态，使一辆车进入只记录 1 次；

② "MQTT 发送消息"是将入库车辆数据发送到服务器端，并显示在 text1 消息框中。

小组讨论：分析程序中变量 flag 是如何起到防止重复计数作用的？如果不用此变量，程序运行会有什么结果？

四　总结提高

在开发板上连接两个超声波传感器和两个舵机，就可以制作出一个进／出的车库道闸系统，程序中执行入库 +1、出库 −1 操作，进而统计出车库剩余车位。车库管理者可以统计每天入库车辆的总数，为收费管理提供了一定的方便。

活动四　显示车库车辆数

一　任务描述

显示车库中车辆的数量（空余车位数），可以给车主入库时提示，也方便车库管理。这种信息显示有多种方式，如我们前面学过的 OLED 显示屏。下面我们选用成本比较低的数码管来实现这一功能。

二　基础知识

1. 认识数码管

数码管是一种显示数字的 LED 设备，它是由多个封装在一起、呈 8 字形的发光 LED 组成，有些还有小数点位。数码管封装多位数字，于是就有 2 位数码管、4 位数码管等（图 6.17）。同 LED 灯一样，数码管也有不同颜色的光，常见的有红、绿、黄、白色等。

图 6.17　数码管

数码管也可用来显示一些英文字母，如 A、b、C、c、d 等，但显示的字母量非常有限。

2. 数码管接口

数码管的裸板一般有 10 ～ 12 个引脚，用来控制数码管的不同部位点亮，显示不同数字。显然，如果直接用开发板来控制这些引脚，就需要占用大量的开发板资源（数字口）。为了减少资源占用，人们研制出利用人的"视觉暂留"原理，通过扫描数码管引脚来点亮数码管，其中 IIC 就是一种常用的接口方式。

知 识 林

视觉暂留

人的视觉看到的图像并不会随图像消失马上消失，而是会有短暂的滞后再慢慢消失，暂留时间大约是 0.1 ~ 0.4 秒，这种现象称为"视觉暂留"。电影技术就是根据视觉暂留的特性发明的，即我们在电影里看到的画面其实并不是连续的，而是快速闪现的多幅画面，只是因为我们有视觉暂留，所以感觉到画面是连续的。

三 操作实践

1. 硬件连接

IIC 设备有 4 个引脚，分别为 VCC、GND、SCL 和 SDA，它们分别对应电源正极、负极、控制线和数据线。通过查阅资料显示，控制线（SCL）和数据线（SDA）分别接 ESP8266 开发板的 D1、D2 引脚，数码管 IIC 接口与开发板连接电路如图 6.18 所示。

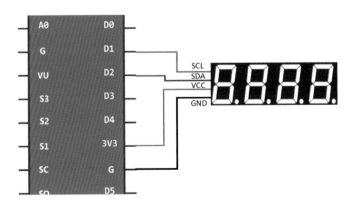

图 6.18 数码管 IIC 接口与开发板连接电路

2. 编写程序

（1）调整引脚。

上述车库道闸控制装置中，当引入数码管显示后，需要调整设备连接到开发板的引脚，即原先舵机占用的 D2 脚要让位给数码管，舵机可调整连接 D4 脚（必须有 PWM 功能）。

（2）显示模块。

数码管显示程序在 Mixly 程序的"显示器"模块下，首先要根据数码管驱动芯片类型（如 TM1650），参考图 6.18 完成引脚连接。

程序中舵机转动同时，需添加显示命令，如图 6.19 所示。

图 6.19　数码管显示信息

（3）修改程序。

在图 6.16 程序的基础上，增加数码管显示空闲车位功能，修改程序如图 6.20 所示。

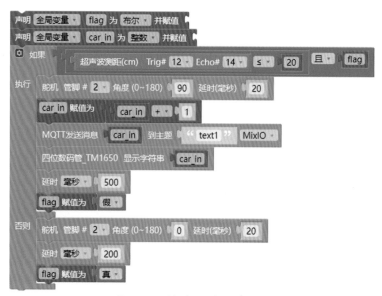

图 6.20　修改后的程序

说一说：1. 对照图 6.20 和活动三的图 6.16，说说程序发生了哪些改动？改动的意义是什么？

2. 怎样修改程序，可以记录车辆出库信息？

四　总结提高

随着车库道闸系统功能的完善，开发板的接口会越来越紧张，我们需要根据各设备优先级先后调整开发板引脚。如 IIC 需要占用 D1、D2 引脚，舵机则必须让位；如果一般设备占用了 PWM 数字口，则应该让舵机优先使用。

试一试：

①怎样让数码管从后往前逐渐显示数字（即个位数显示在最后一位上，十位数显示在倒数第二位，依此类推）？最好能使用子程序的方式实现。

②如何显示"剩余车位"数量？

智能车库道闸完整的电路图和程序请见附录四。

附　录
Appendix

附录一　实验材料清单

本书所用的实验材料清单见附表1。

附表 1　实验材料清单

主　题	活　动	材　料	单位 / 规格	数　量
主题一 物联网小台灯	活动一	5 号电池 电池盒 闸刀开关 小灯泡 杜邦线（公公）	节 只 只 只 根	2 1 1 1 1 3 3
	活动二	开发板（常备件，后略） 面包板（常备件，后略） 发光二极管（LED 灯） 电阻 杜邦线（公公）	块 块 只 只 /220Ω 根	1 1 1 1 1 1 1 2 2
	活动三	发光二极管 电阻	只 只 /220Ω	1 1
	活动四	发光二极管（LED 灯） 电阻 手机或平板	只 只 /220Ω 部 / 台	1 1 1
	活动五	继电器 杜邦线（公公 / 公母）*	只 根	1 3
主题二 智慧照明系列	活动一	触摸传感器 继电器 杜邦线（公公 / 公母）*	只 只 根	1 1 1 6 6
	活动二	声音传感器 继电器 杜邦线（公公 / 公母）*	只 只 根	1 1 1 6 6
	活动三	红外传感器 继电器 杜邦线（公公 / 公母）*	只 只 根	1 1 1 6 6
	活动四	光线传感器 继电器 杜邦线（公公 / 公母）*	只 只 根	1 1 1 6 6

续附表 1

主　题	活　动	材　料	单位/规格	数　量
主题三 自动浇水系统	活动一	土壤湿度传感器模块 杜邦线（公公）	只 根	1 3
	活动二	土壤湿度传感器模块 继电器 杜邦线（公公/公母）①	只 只 根	1 1 6
	活动三	土壤湿度传感器模块		
	活动四	土壤湿度传感器模块		
主题四 网络天气时钟	活动一	OLE 屏（IIC 接口） 杜邦线	块 根	1 4
	活动二	土壤湿度传感器模块		
	活动三	土壤湿度传感器模块		
	活动四	OLE 屏（IIC 接口） 温度传感器模块 杜邦线	块 块 根	1 1 7
主题五 环保智能小夜灯	活动一	RGB-LED 灯	只	1
	活动四	人体红外传感器 光线传感器	只 只	1 1
	活动五	酸奶瓶 多孔板 排母②	只 块 只	1 1 4
主题六 智能车库道闸	活动一	舵机 按键开关	只 只	1 1
	活动二	超声波传感器	只	1
	活动四	IIC 数码管	只	1

注：①需根据继电器的接口类型选择公公或公母线。

　　②多孔板和排母可根据实际需求选择备料。

　　③主题五的活动二、三和主题六的活动三没有增加新材料。

附录二 ESP8266 开发板引脚定义

ESP8266 开发板引脚如附图 1 所示，其引脚号及程序编号见附表 2。

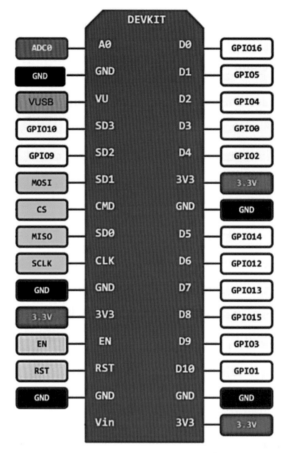

附图 1 ESP8266 开发板引脚

附表 2 ESP8266 开发板引脚号及程序编号

引脚号	程序编号	引脚号	程序编号
D0	16	D5	14
D1	5	D6	12
D2	4	D7	13
D3	0	D8	15
D4	2		

附录三　心知天气代码及含义

心知天气代码、含义及英文见附表 3

附表 3　心知天气代码、含义及英文

代　码	天　气	英　文
0	晴（国内城市白天晴）	Sunny
1	晴（国内城市夜晚晴）	Clear
2	晴（国外城市白天晴）	Fair
3	晴（国外城市夜晚晴）	Fair
4	多云	Cloudy
5	晴间多云	Partly Cloudy
6	晴间多云	Partly Cloudy
7	大部多云	Mostly Cloudy
8	大部多云	Mostly Cloudy
9	阴	Overcast
10	阵雨	Shower
11	雷阵雨	Thundershower
12	雷阵雨伴有冰雹	Thundershower with Hail
13	小雨	Light Rain
14	中雨	Moderate Rain
15	大雨	Heavy Rain
16	暴雨	Storm
17	大暴雨	Heavy Storm
18	特大暴雨	Severe Storm
19	冻雨	Ice Rain
20	雨夹雪	Sleet
21	阵雪	Snow Flurry
22	小雪	Light Snow
23	中雪	Moderate Snow
24	大雪	Heavy Snow
25	暴雪	Snowstorm

续附表 3

代 码	天 气	英 文
26	浮尘	Dust
27	扬沙	Sand
28	沙尘暴	Duststorm
29	强沙尘暴	Sandstorm
30	雾	Foggy
31	霾	Haze
32	风	Windy
33	大风	Blustery
34	飓风	Hurricane
35	热带风暴	Tropical Storm
36	龙卷风	Tornado
37	冷	Cold
38	热	Hot
99	未知	Unknown

附录四　智能车库电路图

智能车库电路图如附图 2 所示。

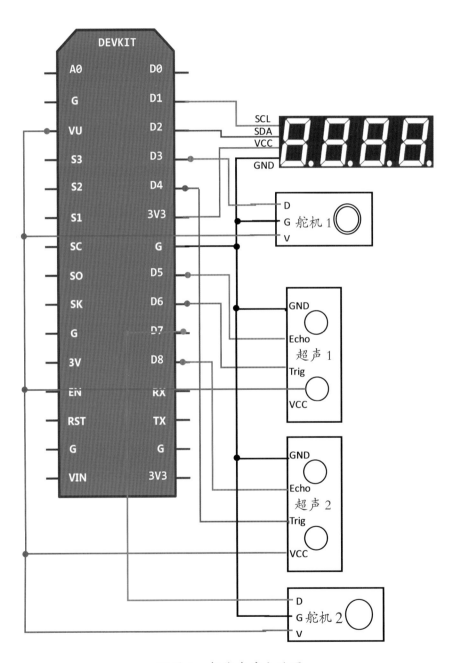

附图 2　智能车库电路图

附录五　智能车库电路连接表

智能车库电路连接表见附表 4 。

附表 4　智能车库电路连接表

设　备	接　口	开发板引脚	说　明
数码管	SCL	D1	VCC 连 3.3 V
	SDA	D2	
超声波 1	ECHO	D5	VCC 连 5 V
	TRIG	D6	
舵机 1		D3	
超声波 2	ECHO	D8	
	TRIG	D4	
舵机 2		D7	VCC 连 5 V

附录六 原程序

1. 自动浇水系统原程序

自动浇水系统原程序如附图 3 所示。

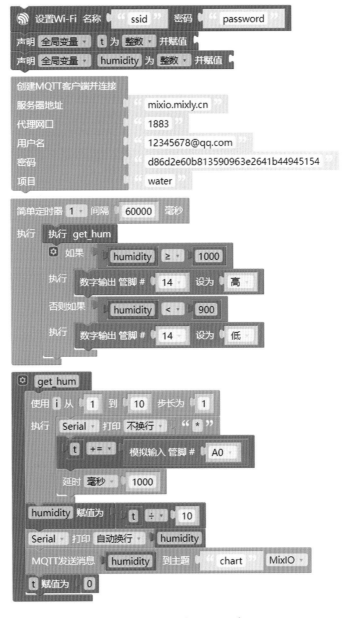

附图 3 自动浇水系统原程序

2. 网络定时器完整原程序

网络定时器完整原程序如附图 4 所示。

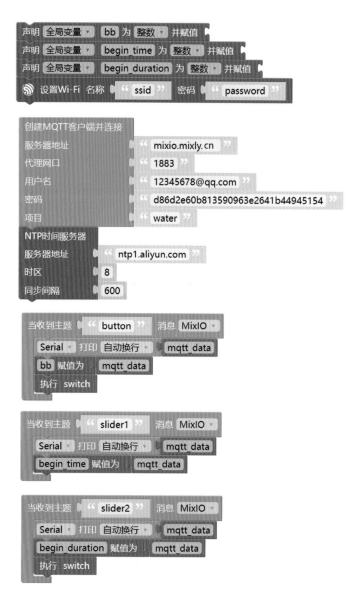

附图 4　网络定时器完整原程序

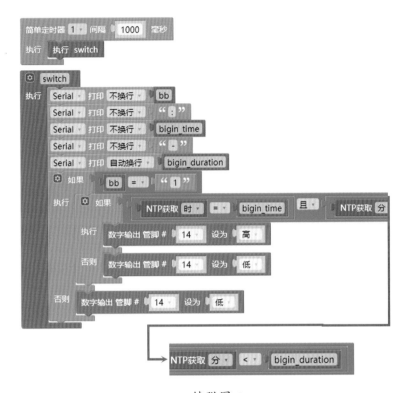

续附图 4

3. 天气时钟原程序

天气时钟原程序如附图 5 所示。

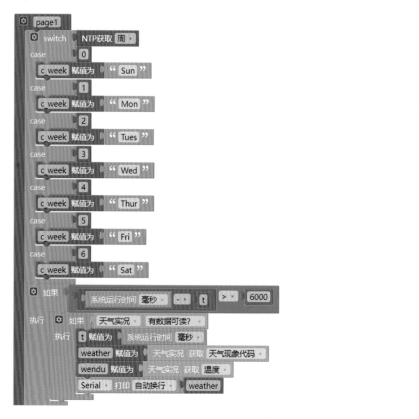

附图 5　天气时钟原程序

续附图 5　天气时钟原程序

4. 智能车库原程序

智能车库原程序如附图 6 所示。

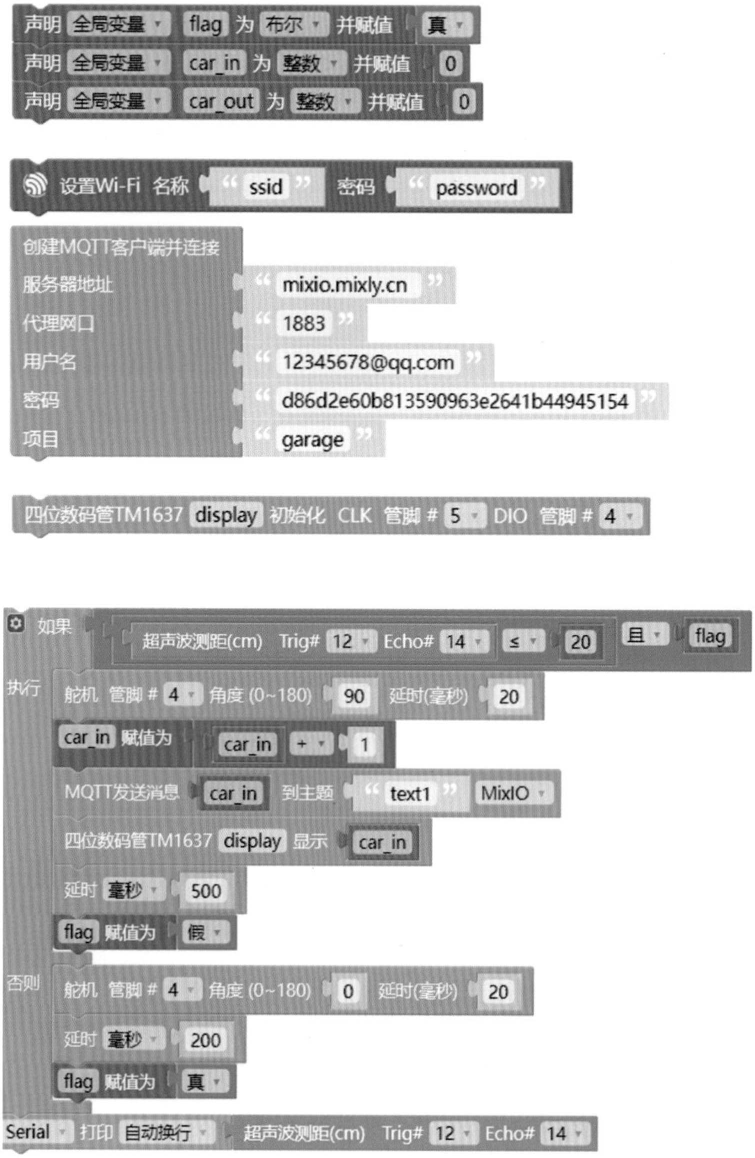

附图 6　智能车库原程序